Ulrich Lemke/Uwe Poppel

Berliner U-Bahn

alba

Erschienen	September 1985
Herstellung	Druckerei Rasch, Bramsche
ISBN	3–87094–330–0

Vorwort

Im Mai 1974 erschien die erste Auflage des Buches „Berliner U-Bahn" als Teil einer Buchreihe über den öffentlichen Personennahverkehr in Berlin. Dieses Buch fand von Anfang an so großes Interesse, daß in kurzen Abständen weitere Auflagen folgen konnten. Zum 75jährigen Jubiläum der Berliner Hoch- und Untergrundbahn im Februar 1977 lag bereits die fünfte, erweiterte Auflage vor, und im März 1979 erschien die bislang letzte (sechste) Auflage.

Inzwischen ist dieses beliebte Berliner Verkehrsmittel fast 85 Jahre alt, und der weitere Ausbau des Netzes und neue technische Entwicklungen machten eine gründliche Neubearbeitung des Themas erforderlich. Die fortlaufende Netz-Erweiterung, die Beschaffung neuer Fahrzeuge in beiden Teilen der Stadt und die Erprobung und Anwendung neuer Technologien wurden bei dieser Neubearbeitung ebenso berücksichtigt wie auch Erscheinungen am Rande des U-Bahn-Betriebes; so die auf einer stillgelegten U-Bahn-Trasse in Erprobung stehende Magnetbahn und die Gastrollen von Berliner U-Bahn-Fahrzeugen in der Sowjetunion und in Griechenland. Besonders der Wagenparkteil wurde durch Beschreibungen und Tabellen erweitert, wobei auch die historischen und die Arbeits-Fahrzeuge berücksichtigt werden konnten.

Auch zahlreiche neue Fotos, aktualisierte Streckenpläne sowie ein zusätzlicher Farbbildteil dienen der weiteren Abrundung dieser umfassenden Darstellung eines wichtigen Kapitels der Berliner Verkehrsgeschichte.

Berlin, im Juni 1985

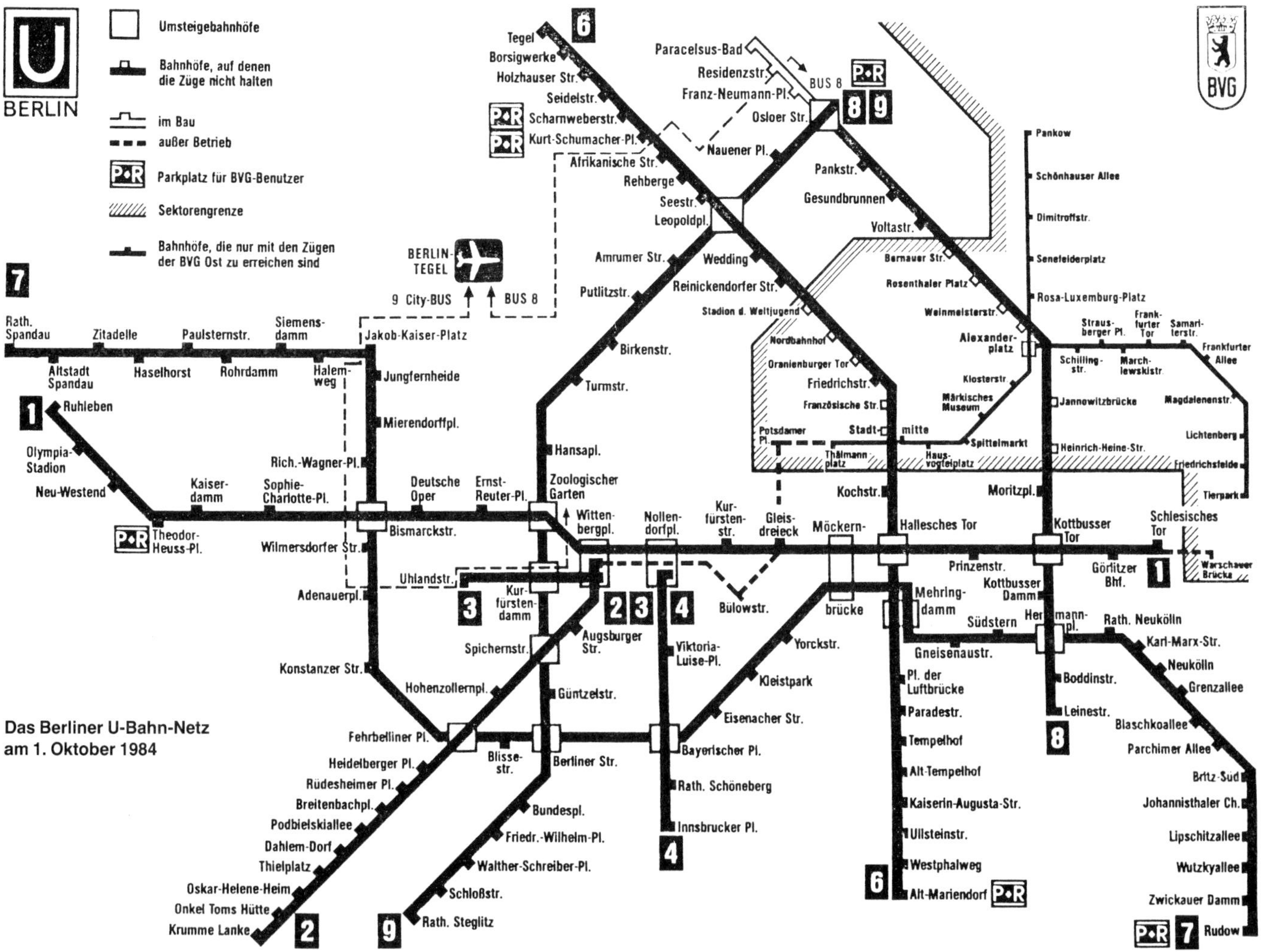

Das Berliner U-Bahn-Netz
am 1. Oktober 1984

Die Vorgeschichte

Die Gestaltung des Streckennetzes

Das Berliner Stadtgebiet war bereits vor der Jahrhundertwende mit einem dichten Pferdebahnnetz überzogen, das in den Jahren 1896 bis 1902 in elektrisch betriebene Straßenbahnen umgewandelt wurde. Es hatten sich jedoch auch schon besonders starke Verkehrsströme gebildet, die den Einsatz leistungsfähigerer Verkehrsmittel als Straßenbahnen angebracht erscheinen ließen.

Besonders war es der Ost-West-Verkehr zwischen der Berliner Innenstadt und den im Westen, etwa in Charlottenburg, entstehenden neuen Verkehrsgebieten, die eine besonders leistungsfähige Verkehrsverbindung erforderten. Dieses Verkehrsaufkommen konnte von der 1882 in Betrieb genommenen dampfbetriebenen Stadtbahn (ab 1928 als S-Bahn elektrisch betrieben) nur unvollständig bedient werden, und so lag nach dem abgelehnten Pfeilerbahnprojekt von 1880 der Planung der ersten Hoch- und Untergrundbahn auch der Gedanke zugrunde, die Ost-West-Verkehrsverbindungen zu verbessern.

Die verkehrspolitischen Ziele, die bei der Errichtung der ersten Hoch- und Untergrundbahnlinien in Berlin angestrebt wurden, kommen deutlich auch dadurch zum Ausdruck, daß die erste Linie beiderseits an die Stadtbahn anschloß, im Osten an den Bahnhof Warschauer Straße und im Westen an den Bahnhof Zoologischer Garten. Ebenso schuf die Hochbahn über die ausgedehnten zusammenhängenden Gelände des Anhalter und Potsdamer Bahnhofes, die sich wie ein Keil von Süden her nach Berlin hineinschieben, hinweg eine neue unmittelbare Verbindung, die empfindlich vermißt wurde. So waren die verkehrsreichen inneren Stadtteile Berlins von der Stadtbahn und weiter südlich von der ersten Hoch- und Untergrundbahn umschlossen. Weitere Verkehrsvorteile versprach die von vornherein als Untergrundbahn ausgeführte Zweiglinie zum Potsdamer Platz, die auch den Potsdamer Fernbahnhof anschloß, sowie deren spätere Weiterführung in die Berliner Innenstadt, die als Hochbahn undurchführbar erschien.

Im übrigen bestimmten in starkem Maße bautechnische Gründe die Führung der ersten U-Bahn-Strecken. Da anfangs angenommen wurde, daß die Bodenbeschaffenheit Berlins mit ihren Schwemmsandlagern und dem hochliegenden Grundwasserspiegel die Anlage von Untergrundbahnen nicht erlauben würde und auch die Berliner Tiefbauverwaltung mit Rücksicht auf die Versorgungsanlagen unterirdische Bahnanlagen zunächst ablehnte, mußte für die elektrische Stadtschnellbahn die Form einer Hochbahn gewählt werden. Hochbahnen aber setzen wiederum genügend breite Straßen voraus.

Die Trassierung des neuen Verkehrsmittels war damit auf wenige Straßen beschränkt, und es kam so die Führung der Hochbahn in einem Zuge breiter Promenadenstraßen zustande, im östlichen Streckenteil durch die Skalitzer und Gitschiner Straße, dann am Landwehrkanal entlang, über das Eisenbahngelände der Potsdamer und Anhalter Bahn und schließlich im Westen durch den breiten Straßenzug der Bülow-, Kleist- und Tauentzienstraße. Das Verkehrsaufkommen bewies schon bald, daß nicht nur der tragende Gedanke der Hoch- und Untergrundbahn als straßenfreies Schnellverkehrsmittel richtig war, sondern daß auch die gewählte Linienführung einem starken Verkehrsbedürfnis entsprach.

In diesen grundlegenden Überlegungen, die zur Erbauung der ersten Hoch- und Untergrundbahnstrecke führten, war zugleich das ganze Programm für die künftige Ausdehnung und Entwicklung des Berliner U-Bahn-Netzes enthalten. Die U-Bahn blieb dabei stets das ausgesprochene Massenverkehrsmittel, das überall dort zum

Diese Aufnahme aus dem Jahre 1960 zeigt rechts den Wagen 361 der BVG-Ost (heute BVB) mit dem alten BVG-Wappen, links trägt der Wagen 362 das nach dem Zweiten Weltkrieg eingeführte Wappen der in West-Berlin beheimateten BVG

Einsatz gebracht wurde, wo es galt, besonders starke Verkehrsströme zu bedienen und damit außenliegende Stadtbezirke an die Innenstadt anzuschließen. Daneben wurde die U-Bahn aber auch mit Erfolg zur verkehrlichen Aufschließung neuer Wohngebiete eingesetzt.

Unter diesen Gesichtspunkten ist das Netz der Berliner U-Bahn immer weiter ausgebaut worden. Aus der ersten, nur 11,0 km langen Strecke vom Jahre 1902 entwickelte sich ein Netz von U-Bahn-Linien, deren Gesamtlänge 1913, am Ende der ersten Ausbauperiode, schon 37,8 km betrug, davon als Hochbahn ca. 8 km, im Einschnitt und als Dammbahn 3 km und etwa 27 km als Tunnelstrecken. Dieses Kleinprofilnetz wurde bis 1930 um ca. 7,5 km erweitert und umfaßt die heutigen Linien 1, 2, 3 und 4 in West-Berlin und die Linie A in Ost-Berlin.

In einer zweiten Baustufe bis in das Jahr 1930 – mit einer fünfjährigen Unterbrechung durch den Ersten Weltkrieg – entstanden die beiden Nord-Süd-Linien und eine Ost-West-Linie, die ersten Abschnitte der jetzigen Linien 6, 7, 8 und E mit etwa 35 km Betriebslänge, ausschließlich als Tunnelstrecken im sogenannten Großprofil für 2,65 m breite Fahrzeuge. Die neuen Strecken wurden von Anfang an so mit den bereits vorhandenen Kleinprofilstrecken verknüpft, daß beide Netze für den Fahrgast eine Einheit bilden.

Der dritte Bauabschnitt begann am 26. Oktober 1953 (erster Rammschlag) mit der Verlängerung der Linie C (Nordsüdbahn) nach Norden. Bis heute sind weitere rund 50 km Großprofilstrecke erbaut und in Betrieb genommen worden, davon 47 km als Tunnelstrecke und 3 km als Dammbahn. Dabei wurden die Linien 6, 7 und 8 verlängert sowie die Linie 9 vollkommen neu geschaffen.

Die Berliner Verkehrs-Betriebe (BVG) betreiben heute 30,3 km Kleinprofilstrecke und 75,2 km Großprofilstrecke; davon 7,9 km Großprofilstrecke in zwei Durchfahrten („Transitstrecken") unter Ost-Berlin. Die über die Sektorengrenze führenden Streckenteile Gleisdreieck – Potsdamer Platz und Schlesisches Tor – Warschauer Brücke (zusammen 2,5 km) sind seit dem Bau der Mauer am 13. August 1961 stillgelegt. Außerdem ist der Streckenteil Wittenbergplatz – Nollendorfplatz – Bülowstraße – Gleisdreieck (2,4 km) seit dem 1. Januar 1972 aus wirtschaftlichen Gründen außer Betrieb.

Der VEB Kombinat Berliner Verkehrs-Betriebe (BVB) betreibt gegenwärtig 7,5 km Kleinprofilstrecke und 8,3 km Großprofilstrecke; die Linie E ist bisher als einzige in Ost-Berlin im Jahre 1973 um eine Station bis Tierpark verlängert worden.

Das Berliner U-Bahn-Netz wird linienmäßig befahren, Verflechtungen einzelner Linien werden zur Zeit nicht betrieben. Die Linien kreuzen sich in unterschiedlich ausgebildeten Kreuzungsbahnhöfen, wie Turmbahnhöfen, Kreuzungsbahnhöfen in L-Form und Kreuzungsbahnhöfen mit Richtungsbetrieb.

Während die U-Bahn im ersten vollen Jahr ihres Bestehens (1903) 29,6 Millionen Fahrgäste beförderte, waren es 1913 bereits 73,1 Millionen. 1929, im ersten Jahr des Bestehens der BVG, zählte die U-Bahn 213,5 Millionen Fahrgäste, und 1941 wurden 350 Millionen befördert. Obwohl die zwischenzeitlich erfolgten politischen Veränderungen tief in das Leben Berlins einschnitten, behielt die Berliner U-Bahn ihre überragende Verkehrsbedeutung als innerstädtisches Verkehrsmittel. 1984 betrug die Fahrgastzahl der U-Bahn 346,2 Millionen.

Schon bei der Errichtung der ersten Teilstrecken des heutigen U-Bahn-Netzes erfolgte der Übergang zur Untergrundbahn, da erkannt wurde, daß eine Hochbahn in einer Straße doch recht störend wirkt und andererseits das Vordringen einer elektrischen Schnellbahn in die verkehrswichtigen und dichtbesiedelten Berliner Stadtbezirke nur in Form einer Untergrundbahn würde erfolgen können. Erleichternd kam dabei hinzu, daß sich schon bald die Befürchtungen gegen die Anlage von unterirdischen Bahnen in den ungünstigen Berliner Bodenverhältnissen als übertrieben herausstellten und die Technik Baumethoden fand, die nicht nur einen schnellen und möglichst störungsfreien Bau in den Straßen liegender U-Bahn-Strecken ermöglichten, sondern mit denen auch schwierigere Bauarbeiten wie Unterfahrungen von Häusern und Flußläufen gelöst werden konnten.

Das Pfeilerbahnprojekt von 1880

Mit Rücksicht auf die Schwierigkeiten, die, wie zunächst angenommen wurde, die Bodenbeschaffenheit des Berliner Untergrundes Tunnelbauten entgegensetzen würde, bezogen sich die ersten aufgestellten Projekte für das elektrische Schnellbahnnetz der heutigen Berliner U-Bahn auf Hochbahnbauten. Der erste Plan, der von Werner von Siemens und der Firma Siemens & Halske 1880 ausgearbeitet und zur Ge-

60 Jahre liegen zwischen diesen beiden Fahrzeugen. Links die erste Generation von Großprofil-Triebwagen, die „Tunneleule" von 1924, rechts die vorläufig letzte Entwicklung, die Serie F 84, Baujahr 1984/85

Dieses Emblem wurde seit 1907 als Schmuck auf den Umschlägen der Geschäftsberichte der Hochbahngesellschaft verwendet. Es findet sich in ähnlicher Form als Wandschmuck in der Vorhalle des 1908 eröffneten Bahnhofs Reichskanzlerplatz (heute Theodor-Heuss-Platz)

nehmigung eingereicht worden war, sah eine Hochbahn vom Belle-Alliance-Platz (heute Mehringplatz) durch die Friedrichstraße zum Wedding, also eine Verbindung in ausgesprochener Nord-Süd-Richtung, vor. Die Bahn mit einer Spurweite von einem Meter sollte, nach Fahrtrichtung getrennt, rechts und links vom Fahrdamm auf den Bürgersteigen auf je einer einreihigen Pfeilerreihe von 4,50 m Höhe in der Linie der Straßenlaternen angeordnet werden.

Dieses Projekt begegnete sehr starkem Widerspruch und wurde schließlich durch Versagen der damals für Bauten auf Berliner Straßen notwendigen königlichen Erlaubnis unmöglich gemacht.

Es folgten Entwürfe zum Bau einer Probestrekke in der Markgrafenstraße und für eine auf einem Brückennetz verkehrende Hochbahn in der Leipziger Straße. Da insbesondere die praktische Bewährung des elektrischen Bahnbetriebes angezweifelt wurde, erwarb die von Siemens gegründete Firma 1881 eine stillgelegte Eisenbahnstrecke in Lichterfelde und eröffnete dort am 16. Mai 1881 die erste elektrisch betriebene Straßenbahn der Welt, die von Siemens in Verfolgung seines Gedankens, Berlin mit einem Netz elektrischer Schnellbahnen zu versehen, als eine „von ihren Säulen und Längsträgern auf den Erdboden verlegte Hochbahn" bezeichnet wurde (aus „Elektrotechnische Zeitschrift", August 1881).

Der Spreetunnel Treptow – Stralau

Im Jahre 1891 wurden von den Firmen Siemens & Halske und Allgemeine Elektricitäts-Gesellschaft Entwürfe für den Bau von Hoch- (S & H) und Tiefbahnen (AEG) aufgestellt und den Berliner städtischen Behörden zur Prüfung und Entscheidung eingereicht. Während der Entwurf der Firma Siemens & Halske für eine städtische Hochbahn Entgegenkommen fand und später hierfür die Baugenehmigung erteilt wurde, stieß der AEG-Entwurf für ein Untergrundbahn-Netz auf starken Widerstand. Die Fachleute der städtischen Behörden hielten den Plan für undurchführbar, da der Untergrund im Stadtgebiet von Berlin ihnen dafür nicht geeignet erschien.

Nach langwierigen Verhandlungen gaben die städtischen Behörden ihre Zustimmung für einen Probetunnel unter dem Spreebett am Treptower Park, der als tote Strecke liegen bleiben sollte.

Zur Durchführung dieses Planes trat die AEG mit der Baufirma Philipp Holzmann & Co (Frankfurt/M.), der Deutschen Bank und einigen anderen Firmen zur Gründung der „Gesellschaft für den Bau von Untergrundbahnen G.m.b.H." zusammen. Die für 1896 im Treptower Park geplante Gewerbeausstellung führte zu dem Entschluß, statt des nicht nutzbar zu machenden Probetunnels die Spree in ihrer ganzen Breite zu unterfahren und die Genehmigung für den Bau und Betrieb einer Straßenbahn vom Schlesischen Bahnhof nach Treptow durch den Spreetunnel zu beantragen.

Die vorbereitenden Arbeiten wurden im Sommer 1895 im Treptower Park begonnen. Infolge der verspäteten Lieferung des für den Bau erforderlichen Brustschildes konnte der Tunnelbau erst Ende Februar 1896 begonnen werden, so daß bei Beginn der Gewerbeausstellung erst eine 160 m lange Strecke des Tunnels fertiggestellt war, der dann auch den Besuchern der Ausstellung zugänglich gemacht wurde. Die größte Schwierigkeit beim Bau des Tunnels lag darin, das Bauwerk durch den mit Wasser gesättigten feinen Sand des Spreeuntergrundes hindurchzuführen. Man ging dabei so vor, daß man einen Arbeitsraum schuf, dessen vorderer Abschluß der „Mackensen'sche Brustschild" bildete, ein vorn schräg abgeschnittenes eisernes Rohr, das durch eine eiserne Wand geschlossen war. Dieser Arbeitsraum war in zwei Kammern geteilt; in der vorderen fand das Lösen des Sandes, in der hinteren die Fertigstellung des Tunnelmantels statt. Die kreisförmige Tunnelröhre von 4 m Durchmesser wurde aus einzelnen ringförmigen Gliedern von 50–65 cm Breite zusammengefügt und jeder Ring für sich wieder aus neun gußeisernen Platten zusammengesetzt und zum fortlaufenden Rohrstrang verbunden. Um das Eisen des Tunnelmantels vor Rost zu schützen, wurde die Röhre außen mit einem 8 cm, innen mit einem 12 cm starken Überzug aus Zementmörtel versehen, wodurch sich die lichte Weite des Tunnels auf 3,80 m verringerte.

Der Weiterbau wurde während der Ausstellung eingestellt und mit den Behörden über die Weiterführung der geplanten Straßenbahn in das Innere der Stadt verhandelt. Da aber diese Verhandlungen ergebnislos verliefen, entschloß sich die Gesellschaft, den Tunnel auch ohne die gewünschte Konzession in der ganzen Länge fertigzustellen. Die Bauarbeiten wurden im September 1897 wieder aufgenommen und Ende Februar 1899 beendet. Der Spreetunnel war 454 m lang und kreuzte die hier 195 m breite Spree nahezu rechtwinklig. Die Länge der Tunnelanlage mit den Rampen betrug 582 m. Der tiefste Punkt lag 12 m unter dem mittleren Wasserspiegel. Seine Tiefenlage war so gewählt, daß über dem Tunnelrohr noch eine Sanddecke von mindestens 3 m Stärke vorhanden war.

Am 18. Dezember 1899 wurde der Betrieb auf der inzwischen konzessionierten Straßenbahnlinie Schlesischer Bahnhof – Stralau – Treptow, Platz am Spreetunnel aufgenommen und der Spreetunnel in Betrieb genommen.

Über 30 Jahre hat der Spreetunnel dem Straßenbahnverkehr gedient, bis sich schließlich (1932) Alterserscheinungen bemerkbar machten. Die notwendigen Reparaturkosten in Höhe von 250000 RM hätten sich aber nicht gelohnt, da zu jener Zeit die Tunnelwagen der Linie 82 im Durchschnitt nur mit zwei bis drei Fahrgästen besetzt waren. Deshalb wurde der Tunnel am 15. Februar 1932 geschlossen.

Im Jahre 1936 wurde der Tunnel – nachdem er instandgesetzt worden war – wieder freigegeben, jedoch jetzt nur für den Fußgängerverkehr. Das Ende des Zweiten Weltkrieges brachte auch das Ende des Spreetunnels zwischen Stralau und Treptow. Nachdem er durch Bombenwürfe schon beschädigt worden war, ist er in den letzten Kriegstagen gesprengt worden. Da eine erneute Instandsetzung nicht möglich war, ist er zugeschüttet worden. Die Treptower Einfahrt wurde völlig eingeebnet, an der Stralauer Einfahrt erinnerte noch lange Zeit ein Gitter an die Stelle, wo sich einstmals die erste Berliner Bahn in die „Unterwelt" begab.

Das Hochbahnprojekt von 1891

Der Entwurf für ein Berliner U-Bahn-Netz, der im Jahre 1891 von der Firma Siemens & Halske eingereicht wurde, sah eine ganz andere Bauart vor. Auf einem durchgehend viaduktartigen Unterbau sollte eine nunmehr normalspurige elektrische Bahn verkehren. Ebenso war die Linienführung vollkommen geändert worden. War anfangs eine Verkehrsverbindung in Nord-Süd-Richtung geplant, so wurde nunmehr der Bau einer Bahn in Ost-West-Richtung von der Stadtbahnstation Warschauer Straße bis zum Zoologischen Garten mit einem Abzweig zum Potsdamer Platz beantragt.

Vom Potsdamer Platz aus war eine später nicht zur Ausführung gekommene Weiterführung

Werbesymbol der Berliner Verkehrs-Betriebe (BVG). Dieses Zeichen entspricht ungefähr dem Werbesymbol des Verbandes Öffentlicher Verkehrsbetriebe (VÖV)

nach Norden am Brandenburger Tor vorbei bis zur Spree projektiert. Hier sollte die Bahn in einer offenen Galerie am östlichen Spreeufer verlaufen und dann durch den Kupfergraben zum Schloßplatz führen. In westlicher Richtung sollte sie bis in das Innere der Stadtgemeinde Charlottenburg verlängert werden.

Im Interesse einer besseren Anpassung an das Verkehrsaufkommen ist der Plan der nördlichen Verlängerung zur Spree schon bald aufgegeben und durch eine Linienführung durch die eigentliche Innenstadt zum Spittelmarkt ersetzt worden. Beide Verlängerungen über den Potsdamer Platz hinaus waren von Anfang an als Untergrundbahn geplant.

Dieses Projekt wurde wohlwollend beurteilt, zumal der elektrische Straßenbahnbetrieb inzwischen seine Leistungsfähigkeit bewiesen hatte und Untergrundbahnen in mehreren Städten im Ausland bereits in Betrieb waren. Ebenso ließen die für die Linienführung vorgesehenen breiten Straßenzüge die Anlage einer Hochbahn unbedenklich erscheinen.

So entwickelte sich aus diesem Entwurf heraus der Anfang des heutigen Berliner Hoch- und Untergrundbahnnetzes. Bei dem Projekt war darauf geachtet worden, die Linienführung soweit wie möglich dem Straßenverlauf anzupassen, da die Kosten für den Grunderwerb viel zu hoch geworden wären. Da weiterhin beabsichtigt war, die Viadukte und Brücken der Hochbahn in den genügend breiten Straßen für beide Fahrtrichtungen gemeinsam in die Mitte zu legen, um den Raum vor den Häusern möglichst frei zu lassen,

Auch auf einer Briefmarke wurde die U-Bahn bereits abgebildet. Im Rahmen einer Serie „Berliner Verkehrsmittel" erschien diese Marke am 18. Januar 1971

verstummten auch die Einsprüche seitens der Hausbesitzer.

Lediglich an architektonisch besonders hervorragenden Stellen ergaben sich zunächst noch Schwierigkeiten in ästhetischer Beziehung, so vor allem an der Lutherkirche am Dennewitzplatz, wo die Hochbahn nach Verlassen des Eisenbahngeländes auf die breite Mittelpromenade der Bülowstraße einbiegt, sowie an der Kaiser-Wilhelm-Gedächtniskirche am Auguste-Viktoria-Platz. An beiden Stellen befürchtete man starke Beeinträchtigungen des Stadtbildes und unliebsame Störungen durch die Fahrgeräusche.

Nach langwierigen Verhandlungen erhielt die Firma Siemens & Halske 1893 durch Kabinettsorder die Königliche Genehmigung zur Anlage einer elektrischen Hochbahn von der Warschauer Brücke zunächst bis zum Nollendorfplatz und für den Abzweig zum Potsdamer Platz. Am 15. März 1896 folgte die staatliche Genehmigung zum Bau und Betrieb der geplanten Hochbahn und zur Benutzung der in Anspruch genommenen öffentlichen Straßen und Plätze auf die Dauer von 90 Jahren. Diese Genehmigung wurde auf Grund des Kleinbahngesetzes von 1892 erteilt, welches die hierfür erforderliche Grundlage abgab.

Die notwendigen Zustimmungen der beteiligten Stadtgemeinden wurden in Form von Zustimmungsverträgen mit der Firma Siemens & Halske vereinbart, und zwar 1893 von der Stadtgemeinde Charlottenburg für den Streckenteil vom Zoologischen Garten bis zum Nollendorfplatz, 1895 von der Stadtgemeinde Schöneberg für die auf ihrem Gebiet liegende Strecke vom Nollendorfplatz bis zur Zietenstraße und ebenfalls 1895 von der Stadtgemeinde Berlin für die Strecke von der Bülow-Ecke Zietenstraße bis zur Warschauer Brücke.

Für die Benutzung des eisenbahnfiskalischen Geländes in der Gegend vom Gleisdreieck wurde 1895/96 ein entsprechender Vertrag mit dem Eisenbahnfiskus abgeschlossen.

Angesichts der Schwierigkeiten beim notwendigen Grunderwerb erhielt die Firma Siemens & Halske 1895 das Enteignungsrecht für den dem öffentlichen Wohle dienenden Bahnbau zugestanden.

Die ersten Hoch- und Untergrund- bahnstrecken

Finanzierung und Genehmigungs- bedingungen, die „Hochbahngesellschaft“ wird gegründet

Sobald die Entwürfe der Firma Siemens & Halske von 1891 der Verwirklichung näher zu kommen schienen, bemühte sich Werner von Siemens um die Finanzierung des großen Projektes. Nach Erstellung eines umfangreichen Gutachtens, das ein günstiges wirtschaftliches Ergebnis voraussagte, konnte ein Übereinkommen mit der Deutschen Bank erzielt werden, auf Grund dessen zur Durchführung des Hochbahnbaues unter Beteiligung der Firma Siemens & Halske und der Deutschen Bank am 13. April 1897 die „Gesellschaft für elektrische Hoch- und Untergrundbahnen in Berlin“, die sogenannte „Hochbahngesellschaft“, mit einem Aktienkapital von 12,5 Millionen Mark gegründet wurde.

Die Hochbahngesellschaft trat in sämtliche in Frage kommenden Konzessionen und Verträge ein und beauftragte ihrerseits die Firma Siemens & Halske mit der Ausführung der Bahn für Rechnung der Hochbahngesellschaft. Weiter übernahm die Firma Siemens & Halske die Einrichtung des Betriebes nach eigenem Ermessen und die Betriebsführung im ersten Jahr der Eröffnung der Bahn gegen Zusicherung einer vierprozentigen Verzinsung des Anlagekapitals.

Auch die Bedingungen für den Bau und Betrieb der ersten Strecken waren in der Genehmigungsurkunde von 1896 enthalten. So war zum Beispiel die Fahrgeschwindigkeit auf höchstens 50 km/h festgelegt.

In Bezug auf den Fahrplan war bestimmt, daß dieser in den ersten drei Betriebsjahren dem Unternehmen selbst überlassen bleiben sollte; erst für später war eine Feststellung des Fahrplanes durch die Aufsichtsbehörden vorgesehen.

In der Fahrpreisgestaltung wurde dem neuen Unternehmen für die ersten sieben Betriebsjahre völlige Freiheit von behördlichen Auflagen eingeräumt, ein Zugeständnis an die wirtschaftlichen Schwierigkeiten der ersten Entwicklung und die noch weitgehend unbekannten Betriebskosten. Erst vom achten Jahr ab behielt sich die Aufsichtsbehörde das Recht zur Genehmigung der Fahrpreise vor.

Die Zustimmungsverträge der Stadtgemeinden enthielten aber auch Forderungen an das Unternehmen. So waren zum Beispiel an die Stadt Berlin bestimmte Prozentsätze der Roheinnahmen der auf ihrem Gebiet liegenden Streckenteile als Abgabe abzuführen. Ähnliche Abgaben forderten auch die Stadtgemeinden Schöneberg und Charlottenburg.

Ebenso enthielt der Zustimmungsvertrag mit der Stadt Berlin die Auflage, die Züge in beiden Fahrtrichtungen im 5-Minuten-Abstand verkehren zu lassen.

Projektierung und Genehmigung des Streckenabschnittes Nollendorfplatz – Zoologischer Garten

Große Schwierigkeiten bereitete die noch nicht geklärte Frage der Weiterführung der Bahnlinie nach Westen vom Nollendorfplatz zum Zoologischen Garten. Es wollte nicht gelingen, eine ästhetisch befriedigende Eingliederung der Hochbahn in das Stadtbild an der Kaiser-Wilhelm-Gedächtniskirche zu finden. Der ganze Streckenteil war daher aus der ersten Konzession herausgelassen worden.

Eine zwischenzeitlich erarbeitete Lösung sah vor, die Hochbahn von der Tauentzienstraße nach einer Hausdurchfahrung zur Budapester Straße hin abbiegen zu lassen, um den Stadtbahnhof Zoologischer Garten auf dem Gelände des Zoos zu erreichen.

Inzwischen trat aber ein Stimmungswandel bei den beteiligten Stadtverwaltungen und in der Öf-

Bereits kurz nach der Montage der ersten Wagen wurden auf der Hochbahnstrecke Probefahrten durchgeführt. Die Abbildung zeigt einen Dreiwagenzug mit dem Triebwagen 2 im Hochbahnhof Möckernbrücke am 25. September 1901

Eine Attraktion dürfte der Afrikaner Martin Dibobe, Sohn eines Stammeshäuptlings, gewesen sein, der über 15 Jahre bei der Hochbahn als Zugfahrer tätig war. Er war 1896 nach Berlin gekommen und blieb bis etwa 1920, bevor er in seine Heimat Liberia zurückkehrte. Das Foto entstand um 1904 auf dem Bahnhof Warschauer Brücke

fentlichkeit zugunsten einer Untergrundbahn ein, die Stadt Charlottenburg forderte sogar die Führung der Bahn als Untergrundbahn schon ab Nollendorfplatz und stellte für den Fall dieser Projektänderung ihre Zustimmung für die Weiterführung der Bahn in das Innere von Charlottenburg in Aussicht. Obwohl die Tunnelbaukosten höher als die der projektierten Hochbahn waren, stimmte die Firma Siemens & Halske dem zu. 1897 wurden die königlichen und staatlichen Genehmigungen für den letzten Streckenabschnitt als Untergrundbahn mit einer Rampe in der Kleiststraße dicht hinter dem Nollendorfplatz erteilt.

Der Bahnbau beginnt

Am 10. September 1896 wurde der erste Spatenstich für die Viaduktfundamente in der Gitschiner Straße ausgeführt. Mit dem Aufbau der Eisenkonstruktion konnte am 1. Juni 1897 begonnen werden. Die Bauarbeiten gingen verhältnismäßig schnell vonstatten, dabei bemühte man sich damals schon, den Hoch- und Untergrundbahnbau auf bestimmte einheitliche Ausführungen zu vereinfachen. In vielen Fällen war es aber doch erforderlich, von den aufgestellten

Normalien mit Rücksicht auf die Verhältnisse der Baustellen oder der betrieblichen Forderungen abzugehen und Einzellösungen zu finden.

Besonders das Kernstück der ersten Bahnanlagen, das Gleisdreieck, war äußerst schwierig zu bauen und – wie es in einer Schrift über Baufragen der U-Bahn aus dem Jahr 1901 heißt – eine „Musterkarte jeder Regelmäßigkeit spottender Einzellösungen". Heute besteht das Gleisdreieck nur noch seinem Namen nach, da die Verzweigungsanlage zu einem reinen Kreuzungsbahnhof umgestaltet wurde. In den ersten Betriebsjahren handelte es sich aber um ein wirkliches Gleisdreieck mit den Linienführungen

1. von Warschauer Brücke zum Potsdamer Platz
2. vom Bahnhof Zoologischer Garten zum Potsdamer Platz und
3. der durchgehenden Verbindung von Warschauer Brücke zum Bahnhof Zoologischer Garten ohne Berührung des Potsdamer Platzes.

Trotz vielfältiger Schwierigkeiten waren die gesamten Bauarbeiten nach einer Bauzeit von etwa fünfeinhalb Jahren beendet.

Im September 1901 wurde in der Werkstatt Warschauer Brücke mit der Montage der Fahrzeuge begonnen. Nach der Inbetriebnahme des inzwischen errichteten Hochbahnkraftwerkes in der Trebbiner Straße erfolgte streckenweise die Aufnahme des Probebetriebs und die Unterweisung des Fahrpersonals.

18. Februar 1902: Inbetriebnahme der ersten Berliner Hoch- und Untergrundbahnstrecken

Als Auftakt für die öffentliche Inbetriebnahme der Bahn wurde am 15. Februar 1902 auf der 6 km langen Bahnstrecke vom Stralauer Tor (dem heute nicht mehr bestehenden Hochbahnhof Osthafen) bis zum Potsdamer Platz eine Sonderfahrt zahlreicher Vertreter des öffentlichen Lebens Berlins unter Führung des damaligen preußischen Ministers für öffentliche Arbeiten durchgeführt. Diese Fahrt, die sogenannte „Ministerfahrt", ist als Auftakt des elektrischen U-Bahn-Betriebes in Berlin in die Geschichte der Hoch- und Untergrundbahn eingegangen.

Am 18. Februar 1902 fand dann die offizielle Eröffnung der Hochbahnstrecke vom Stralauer Tor über Gleisdreieck bis zum Potsdamer Platz statt. Die Inbetriebnahme war damals natürlich für Berlin ebenso wie für die verkehrs- und bautechnische Fachwelt ein Ereignis. Die Hochbahngesellschaft erwartete zu Beginn einen starken Zustrom von Fahrgästen und hatte sogar, um sich gegen eine allzu starke Überfüllung zu sichern, an den ersten zwei Tagen die Fahrpreise auf das Dreifache erhöht.

Nach überlieferten Augenzeugenberichten gestaltete sich aber der Betriebsanfang zunächst anders. Von einer Überfüllung war nichts zu merken; die Wagen waren im Gegenteil verhältnismäßig leer. Die Berliner waren vorsichtig, auch schreckte wohl der stark erhöhte Fahrpreis viele Leute in den ersten Tagen ab. Sobald sich jedoch Sicherheit, Schnelligkeit und Bequemlichkeit des neuen Verkehrsmittels herumgesprochen hatten, setzte ein lebhafter Verkehrsaufschwung ein, und im ersten vollen Betriebsjahr 1903 sind bereits nahezu 30 Millionen Fahrgäste befördert worden.

Am 11. März 1902 konnte die Inbetriebnahme des zweiten Streckenteils vom Potsdamer Platz zum Bahnhof Zoologischer Garten erfolgen, am 25. März 1902 ist der Durchgangsverkehr vom Stralauer Tor über Gleisdreieck bis zum Zoologischen Garten aufgenommen worden.

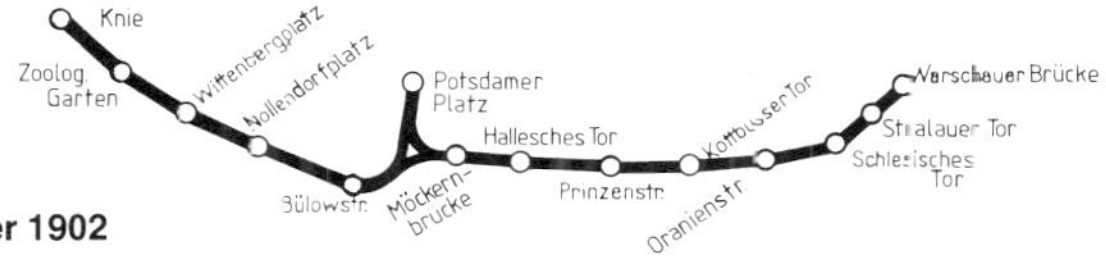

Das U-Bahn-Netz am 14. Dezember 1902

18. Februar 1902. Der festlich geschmückte Eröffnungszug auf dem Hochbahnviadukt zwischen den Bahnhöfen Hallesches Tor und Möckernbrücke

Der 5-Minuten-Betrieb, zu dem die Hochbahngesellschaft vertraglich verpflichtet war, wurde dadurch hergestellt, daß man die drei am Gleisdreieck miteinander verknüpften Linien je im 10-Minuten-Abstand befuhr, wodurch sich für alle Streckenteile außerhalb des Gleisdreiecks ein 5-Minuten-Zugabstand ergab.

Am 17. August 1902 konnte die kurze Endstrekke vom Stralauer Tor bis zum Bahnhof Warschauer Brücke und am 14. Dezember 1902 die Verlängerungsstrecke vom Bahnhof Zoologischer Garten bis zum Knie (heute Ernst-Reuter-Platz) in Betrieb genommen werden. Die Betriebslänge erreichte damit 10,956 km.

Die Fahrzeiten der einzelnen Linien waren: Warschauer Brücke – Knie 22 Minuten; Warschauer Brücke – Potsdamer Platz 15 Minuten und Potsdamer Platz – Knie 11 Minuten.

Der Fahrpreis war gestaffelt und betrug für die 2. Klasse 15, 20 und 30 Pfennig, in der 3. Klasse 10, 15 und 20 Pfennig.

Der Wagenpark bestand anfangs aus 42 Triebwagen 3. Klasse und 21 Beiwagen 2. Klasse, die Wagen 2. Klasse waren durch Trennwände in besondere Raucher- und Nichtraucherabteile unterteilt. Es wurden 3-Wagen-Züge in der Zusammensetzung Triebwagen – Beiwagen – Triebwagen gefahren.

Im Januar 1903 übernahm die Hochbahngesellschaft die Betriebsführung und die Bediensteten, deren Zahl mittlerweile auf 596 Arbeiter und Angestellte angewachsen war.

Die Linie Warschauer Brücke – Gleisdreieck – Potsdamer Platz – Zoologischer Garten – Knie

Der Ausgangspunkt der Hochbahn am Stralauer Tor wird von dem mächtigen Bau der über die Spree führenden Oberbaumbrücke und ihren beiden Tortürmen beherrscht. Die Hochbahn war in den Entwurf der von der Stadt Berlin erbauten Brücke als mittelalterlicher Kreuzgang einbezogen worden. Nördlich der Oberbaumbrücke, am S-Bahnhof Warschauer Straße, befindet sich an der Rudolfstraße der bereits damals als vorläufig bezeichnete Endpunkt Warschauer Brücke mit einer angeschlossenen Be-

Bahnhof Warschauer Brücke mit der Signalbrücke für die Tageslicht-Ausfahrsignale in den fünfziger Jahren

triebswerkstatt; der eigentliche Endpunkt sollte nach Überbrückung der Eisenbahngleise in der Warschauer Straße sein, auch war bereits damals an eine weitere Verlängerung der Strecke in Richtung Frankfurter Allee gedacht. Nördlich der Oberbaumbrücke befand sich der Hochbahnhof Stralauer Tor (später Osthafen), der im März 1945 wegen starker Kriegszerstörungen aufgehoben werden mußte.

Der Bahnhof Schlesisches Tor ist auf einer von der Bahnachse spitzwinklig abweichenden Straßeninsel im Stil der deutschen Renaissance errichtet worden. Er ist heute, nach der politisch bedingten Stillegung des Streckenstückes Warschauer Brücke – Schlesisches Tor am 13. August 1961 östlicher Endpunkt der West-Berliner U-Bahn-Linie 1. Im Rahmen der Internationalen Bauausstellung 1984/1987 (IBA) wurde das Bahnhofsgebäude von der BVG weitgehend in den Ursprungszustand zurückversetzt.

Die Strecke vom Schlesischen Tor bis zum Bahnhof Möckernbrücke mit den Zwischenbahnhöfen Oranienstraße (heute Görlitzer Bahnhof), Kottbusser Tor, Prinzenstraße und Hallesches Tor im Zuge der Skalitzer und Gitschiner Straße wurde als stählerne Viaduktstrecke ausgeführt, die Bahnhöfe erhielten Seitenbahnsteige.

Wegen der geringen Straßenbreite am Halleschen Tor ist dieser Bahnhof nahe dem Ufer des Landwehrkanals angeordnet, er kragt zu fast einem Drittel über die Ufermauern hinaus. Er besaß eine „monumentale" Steinarchitektur auf der der Straßenbrücke zugekehrten Stirnseite, wo zwei hohe Steinpylone ein Einfahrtstor bildeten.

An den Bahnhof Möckernbrücke, der im Jahre 1937 durch den architektonisch interessanten heutigen Neubau ersetzt wurde, schließt sich die weitgespannte Hochbahnbrücke an, die gleichzeitig den Landwehrkanal mit seinen Uferstraßen und die über den Kanal führende Anhalter Bahn überbrückte. In der Höhe der Obergurte der weithin sichtbaren Brücke waren farbige Emailplatten angeordnet, am östlichen Portal die Wappen der drei Städte, die die Bahn durchfährt: Berlin, Schöneberg und Charlottenburg. Durch Kriegseinwirkung ging leider der gesamte Brückenschmuck verloren. Ende der 30er Jahre erfolgte ebenfalls an dieser Stelle die Unterfah-

Bahnhof Stralauer Tor im Jahre 1903 mit 3-Wagen-Zug Bauart AI, 1. Lieferung Baujahr 1902

Die Oberbaumbrücke mit einem nach Ruhleben fahrenden Zug Bauart A 3 im Jahre 1961

Die Hochbahnstrecke in Kreuzberg. In der Mitte ist die Station Görlitzer Bahnhof zu erkennen, der Kirchturm links dahinter gehört zur Emmauskirche auf dem Lausitzer Platz. Der A3-Zug nähert sich dem Umsteigebahnhof Kottbusser Tor, im Vordergrund ist noch das Kehrgleis dieses Bahnhofes zu erkennen

rung des Landwehrkanals durch die Nord-Süd-S-Bahn, so daß hier die Hochbahn vier in verschiedenen Ebenen angeordnete Verkehrswege überquerte. Der Hochbahnbrücke folgt das als Torhaus ausgeführte Eck-Wohnhaus der Hochbahngesellschaft mit dem eigens errichteten Hochbahnkraftwerk und das Häuserviertel an der Trebbiner Straße, ehe sich die Bahn auf den gemauerten Viaduktbögen des Gleisdreiecks verzweigt.

Um Kreuzungen mit den in entgegengesetzter Fahrtrichtung befahrenen Gleisen und damit längere Abstände in der Zugfolge zu vermeiden, wurden die einzelnen Gleise durch Ansteigen und Senken übereinander und untereinander hinweggeführt. Der Wechsel der gegenseitigen Höhenlage der Gleise bedingte eine Trennung der Gleistrassen und besondere Bauwerke für jedes einzelne Gleis. Dabei wurden im Anschlußdreieck die Bauwerke der beiden in der Höhenlage getrennten Gleise unmittelbar nebeneinander geführt, um möglichst wenig Grundfläche zu beanspruchen. Trotzdem umschloß die gesamte Anlage 8000 m² mit Seitenlängen von ca. 250 m. Die zahlreichen Gleisüberwerfungen ergaben eine Vielzahl besonders ausgeführter Steinviadukte sowie außergewöhnliche und verwickelte Brückenkonstruktionen an den Überbrückungen der sich kreuzenden Gleise an den Dreiecksspitzen. Im Gleisdreieck wurde außerdem eine Wagenhalle für neun Wagen (drei Züge) angeordnet.

Nördlich an das Gleisdreieck schließt sich parallel zur Köthener Straße die Rampe zum Untergrundbahnhof Potsdamer Platz an, der sich neben dem Potsdamer Bahnhof unter der engen Köthener Straße befand. Der Bau beinhaltete beträchtliche Schwierigkeiten, ein Teil der Fundamente des Potsdamer Bahnhofes und der gegenüberliegenden Häuser mußte besonders ge-

Das Gleisdreieck mit Wagenschuppen im Jahre 1905

Hausdurchfahrt am Dennewitzplatz, vermutlich 1902

Die Eingänge zum Bahnhof Bülowstraße an der Potsdamer Straße in den sechziger Jahren

Bahnhof Bülowstraße um 1905, von der Steinmetzstraße aus gesehen

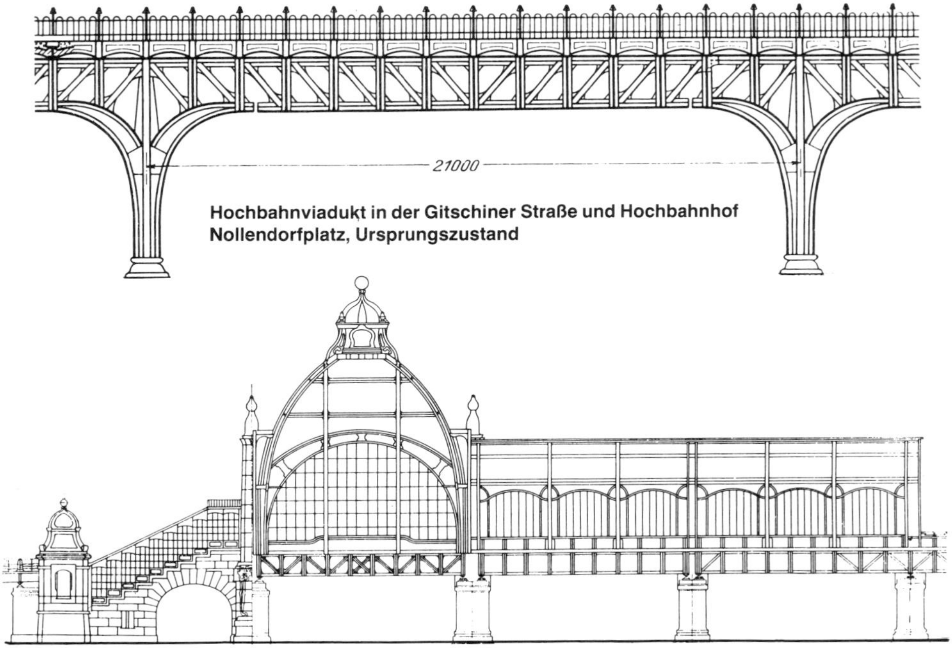

Hochbahnviadukt in der Gitschiner Straße und Hochbahnhof Nollendorfplatz, Ursprungszustand

Der Tunnelmund zwischen dem Hochbahnhof Nollendorfplatz und dem Untergrundbahnhof Wittenbergplatz (Mitte der 60er Jahre). Die Geländer stammen noch aus der Zeit der Eröffnung der ersten Berliner Hoch- und Untergrundbahn

sichert werden, die Abfuhr des Bodenaushubs konnte nur durch den bereits fertiggestellten Tunnelteil erfolgen. 1907 entstand im Zusammenhang mit der Weiterführung der U-Bahn in das Stadtinnere Berlins weiter nördlich der heutige Bahnhof Potsdamer Platz (anfangs Leipziger Platz). Der alte Bahnhof Potsdamer Platz wurde geschlossen, hier befindet sich heute eine Abstellanlage.

In westlicher Richtung schließt sich an das Gleisdreieck die Überbrückung der Gleise des Potsdamer Außenbahnhofes an [zwei Brücken mit 84 und 142,3 m Länge, von denen die letztere mit einem Pendelportal unterstützt wird (Durchfahröffnungen 60,3 m und 82 m)].

Nach dem Durchfahren des Wohnhauses am Dennewitzplatz, aus dem nur soviel herausgebrochen wurde, wie zur Durchführung der Bahn erforderlich, verläuft die Hochbahn weiter auf einem stählernen Viadukt auf der Mittelpromenade der Bülowstraße mit den Hochbahnhöfen Bülowstraße und Nollendorfplatz.

Unmittelbar hinter dem Bahnhof Nollendorfplatz befindet sich die Rampe zu der als Untergrundbahn ausgeführten Strecke mit den Bahnhöfen Wittenbergplatz und Zoologischer Garten, kurze Zeit später auch bis Knie (heute Ernst-Reuter-Platz).

Die Bahnhöfe Bülowstraße und Nollendorfplatz, die Geländer des Hochbahnviaduktes und der Rampe erhielten eine besondere architektonische und künstlerische Ausgestaltung, die – leider – durch die Kampfhandlungen bei Ende des Zweiten Weltkrieges stark in Mitleidenschaft gezogen wurde.

Mit Beginn des Jahres 1972 wurde der Zugbetrieb auf dem Hochbahn-Teilstück Gleisdreieck – Bülowstraße – Nollendorfplatz aus wirtschaftlichen Gründen eingestellt, eine Wiederaufnahme des durchgehenden Zugverkehrs ist jedoch, wenn die Verhältnisse es gestatten sollten, möglich.

Die Linie zum Wilhelmsplatz

Schon im Jahre 1900, zwei Jahre vor Eröffnung der ersten Hoch- und Untergrundbahnstrecken, hatte die Stadt Charlottenburg in Erkenntnis des Wertes des sich hier anbahnenden innerstädti-

1. Mai 1970, Bahnhof Deutsche Oper. Letzter Betriebstag der Linie 5

schen Schnellverkehrs mit der Hochbahngesellschaft die Verlängerung der Untergrundbahn vom Knie zum Wilhelmplatz am Charlottenburger Rathaus vereinbart.

Vier Jahre nach Inbetriebnahme der ersten Berliner Untergrundbahnstrecke konnte am 14. Mai 1906 die Verlängerung der Stammstrecke vom Knie (heute Ernst-Reuter-Platz) durch die Bismarck- und Seesenheimer Straße bis zum Wilhelmplatz (heute Richard-Wagner-Platz) mit 1,4 km Baulänge dem Betrieb übergeben werden.

Der Zwischenbahnhof Bismarckstraße (heute Deutsche Oper) wurde als viergleisiger Abzweigbahnhof ausgeführt; die beiden äußeren Gleise dienten der bereits in Ausführung befindlichen Verlängerung der Bahn nach Westen in Richtung Reichskanzlerplatz (heute Theodor-Heuss-Platz), die beiden inneren führten zum Richard-Wagner-Platz.

Der Betrieb der Linie Deutsche Oper – Richard-Wagner-Platz ist im Zusammenhang mit dem U-Bahn-Bau der Linie 7 über den Fehrbelliner Platz hinaus am 2. Mai 1970 eingestellt worden. Am 28. April 1978 erhielt der Richard-Wagner-Platz mit der Inbetriebnahme des Abschnittes Fehrbelliner Platz bis Richard-Wagner-Platz der Linie 7 wieder Anschluß an das U-Bahn-Netz.

Der Streckenabschnitt Bismarckstraße – Reichskanzlerplatz

Die engen Verbindungen der Deutschen Bank mit der 1903 gegründeten Neu-Westend-Gesellschaft, die sich die Erschließung der Gegend um die Bismarckstraße und von Westend zur Aufgabe gesetzt hatte, und mit der Hochbahngesellschaft führten zu der Planung einer Verlängerung der U-Bahn bis zum Reichskanzlerplatz (heute Theodor-Heuss-Platz).

Mit der Weiterführung der Bahn nach Westen vom U-Bahnhof Bismarckstraße (heute Deutsche Oper) bis zum Reichskanzlerplatz (heute Theodor-Heuss-Platz) mit den Zwischenbahnhöfen Sophie-Charlotte-Platz sowie Kaiserdamm ist, nachdem die Stadt Charlottenburg und der Polizeipräsident von Berlin am 9. Mai 1906 die Genehmigung erteilt hatten, noch im selben Jahr begonnen worden.

Die Genehmigung machte zur Auflage, daß die Bauarbeiten spätestens am 1. April 1908 abgeschlossen sein mußten. Die Inbetriebnahme dieser 2,9 km langen Teilstrecke konnte termingerecht am 29. März 1908 mit einer Fahrt von Kaiser Wilhelm II. im sogenannten „Kaiserwagen" vom Bahnhof Leipziger Platz bis Bahnhof Reichskanzlerplatz erfolgen.

Verlängerung der U-Bahn in das Stadtinnere Berlins

Auch die Weiterführung der U-Bahn vom Potsdamer Platz in das Stadtinnere wurde trotz mancher Schwierigkeiten bei der Bauausführung zügig vorangetrieben. Dabei kam dem U-Bahn-Bau zustatten, daß zu gleicher Zeit das Hotel Fürstenhof und das Warenhaus Wertheim als Neubauten in Ausführung waren, wobei die U-Bahn unter diesen Häusern hindurchgeführt und, da die Untertunnelung der Leipziger Straße nicht gestattet wurde, nach der Voßstraße hin ausgeschwenkt werden konnte.

Im Zusammenhang mit dieser Linienverlängerung mußte der alte Untergrundbahnhof Potsdamer Platz in der Köthener Straße durch einen etwas weiter nördlich errichteten Neubau ersetzt werden, der am 20. September 1907 als Bahnhof Leipziger Platz in Betrieb genommen wurde. 1923 erfolgte die Umbenennung des Bahnhofs in Potsdamer Platz.

Am 1. Oktober 1908 sind die 2,2 km Streckenverlängerung vom Leipziger Platz bis zum Spittelmarkt mit den Zwischenbahnhöfen

Kaiserhof (heute Thälmannplatz)

Mohrenstraße (heute Stadtmitte) und

Hausvogteiplatz

in Betrieb genommen worden.

Umfangreiche Bauarbeiten waren auch im Bereich des U-Bahnhofs Spittelmarkt nötig, da dieser Bahnhof unmittelbar neben dem Ufer des Kupfergrabens, eines Seitenarmes der Spree, liegt. Die dem Kupfergraben zugewandte Seite des U-Bahnhofs erhielt eine Fenstergalerie, durch die Tageslicht einfiel. Diese Fenstergalerie ist heute nicht mehr vorhanden.

Die Betriebswerkstatt Eisackstraße der Schöneberger Untergrundbahn im Jahre 1912

Die Schöneberger U-Bahn Nollendorfplatz – Hauptstraße

Kurz nach der Jahrhundertwende begann auch die Stadtgemeinde Schöneberg mit der Planung einer Schnellbahn auf ihrem Gebiet. Offen war jedoch zunächst, ob eine Hochbahn, eine Untergrundbahn oder eine Schwebebahn gebaut werden sollte. Die städtischen Körperschaften entschieden zugunsten der Untergrundbahn. Mit dem Bau wurde im September 1908 begonnen. Nach zweijähriger Bauzeit wurde die rund 3 km lange U-Bahn-Strecke mit den fünf Bahnhöfen

Nollendorfplatz (Untergrundbahnhof, Übergang zur Hochbahn)
Viktoria-Luise-Platz
Bayerischer Platz
Stadtpark (heute Rathaus Schöneberg) und
Hauptstraße (heute Innsbrucker Platz; Übergang zur S-Bahn)

am 1. Dezember 1910 eröffnet.

Damit erhielt Schöneberg als „5. Stadt in Europa" nach Berlin eine eigene elektrische Untergrundbahn mit einem zunächst 12 Triebwagen umfassenden Fahrzeugpark (später Triebwagen 358 bis 369) und einer kleiner Betriebswerkstatt in der Nähe des Innsbrucker Platzes an der Eisackstraße.

Die Betriebsführung wurde der Hochbahngesellschaft übertragen, am 10. Juli 1926 ging die „Schöneberger U-Bahn" in der Hochbahngesellschaft auf.

Der Bahnhof Bayerischer Platz wird seit dem 29. Januar 1971 von der Linie 7 unterfahren und ist dabei in einen Kreuzungsbahnhof mit direkter Umsteigemöglichkeit umgebaut worden.

Das Gleisdreieck wird umgebaut

Die Linienverlängerungen nach Westen bis Reichskanzlerplatz und in das Stadtinnere bis Spittelmarkt führten zu einem starken Anstieg der Fahrgastzahlen. Betrug die Belastung des Gleisdreiecks 1903 rund 20 Millionen Fahrgäste (bei insgesamt jährlich 30 Millionen Fahrgästen), davon 6 Millionen zwischen dem Westen und dem Potsdamer Platz, so stieg 1912 die

Das Hochbahnunglück am Gleisdreieck am 26. September 1908

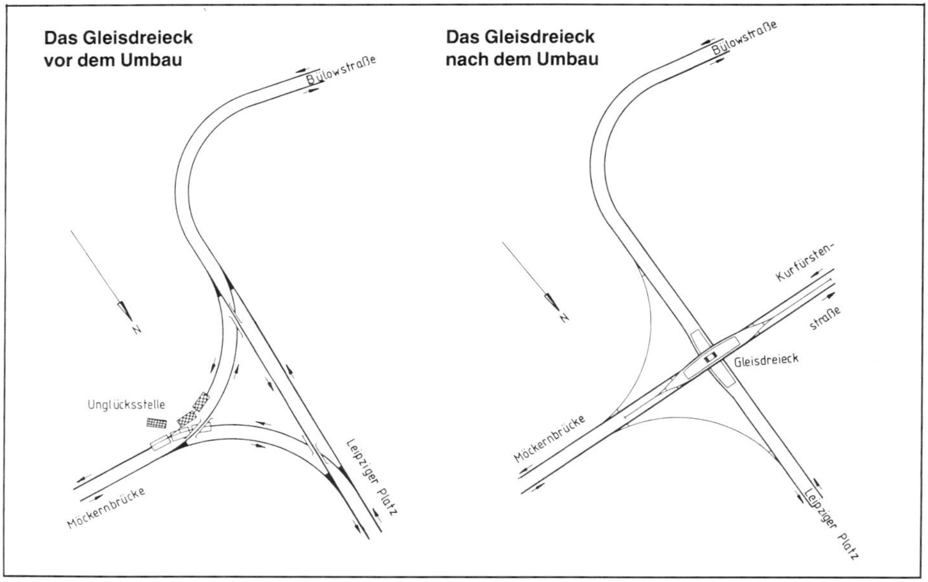

Am Fahrtziel wird die Richtungsanzeige umgesteckt, der Zugbegleiter schreibt einen Bericht

Fahrgastzahl über Gleisdreieck auf 40 Millionen (bei insgesamt jährlich 63 Millionen), davon ca. 21 Millionen Reisende zwischen dem Westen und dem Stadtinneren mit dem vorläufigen Endpunkt Spittelmarkt.

Diesen wachsenden Verkehrsanforderungen konnte das Gleisdreieck nicht mehr entsprechen, da die bestehende Anlage die notwendige dichtere Zugfolge nicht zuließ.

Die Hochbahngesellschaft beschloß daher bereits 1907 unter Vorlage dementsprechender Pläne im Sinne der heutigen Anlage, die Verzweigung aufzuheben, das Gleisdreieck in einen Kreuzungsbahnhof umzubauen und eine Entlastungslinie von Gleisdreieck über die Kurfürstenstraße zum Nollendorfplatz zu führen.

Den letzten Anstoß für den Umbau gab das Hochbahnunglück am Gleisdreieck vom 26. September 1908, bei dem ein Hochbahnzug nach Überfahren eines Haltesignals einem anderen in die Flanke fuhr und ein Wagen in den Hof des Kraftwerkes Trebbiner Straße hinunterstürzte. Die Hochbahngesellschaft erhielt von der Aufsichtsbehörde die Auflage, das bisherige niveaugleiche Gleisdreieck in ein niveaufreies Kreuzungsbauwerk umzubauen. Mit dem Umbau wurde unverzüglich begonnen; am 3. November 1912 ist die neue Bahnhofsanlage dem Verkehr übergeben worden. Der Umbau des Gleisdreiecks in einen Umsteigebahnhof erfolgte unter Aufrechterhaltung des Betriebes.

Bis zur Inbetriebnahme der Entlastungslinie Gleisdreieck – Kurfürstenstraße – Nollendorfplatz im Jahre 1926 endete die Oststrecke von Warschauer Brücke am Gleisdreieck.

Die Werkstätten Grunewald und die Streckenverlängerung Reichskanzlerplatz – Stadion

Zur Entlastung der bereits bestehenden Werkstatt Warschauer Brücke ist im Januar 1913 am westlichen Ende der Stammbahn auf einem 14 ha großen Gelände eine weitere Werkstatt in

Das U-Bahn-Netz am 27. Juli 1913

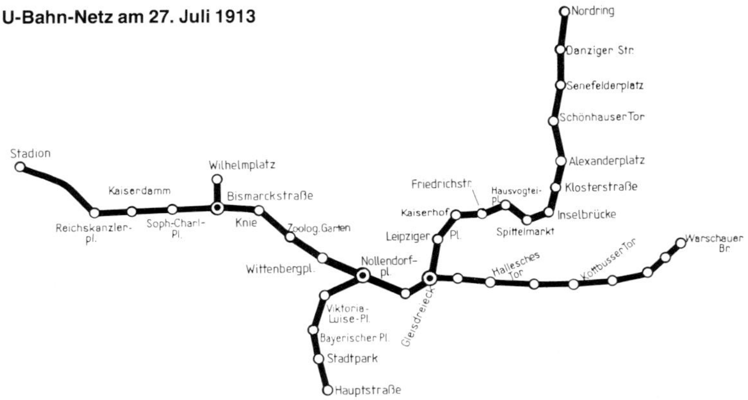

Betrieb genommen worden. Hier sollten künftig alle größeren Reparaturen und Revisionen erfolgen, da die Werkstatt Warschauer Brücke mit ihrer zweigeschossigen Betriebsanlage die Grenzen ihrer Kapazität erreicht hatte. Heute werden in der vier Hallen umfassenden Haupt- und Betriebswerkstatt Grunewald alle Kleinprofilfahrzeuge der BVG gewartet.

Östlich der Haupt- und Betriebswerkstatt Grunewald befindet sich der Bahnhof Stadion (heute Olympia-Stadion). Der Personenverkehr vom Reichskanzlerplatz zum Bahnhof Stadion ist am 8. Juni 1913 aufgenommen worden, zunächst jedoch nur bei sportlichen Veranstaltungen im Stadion.

Erst am 20. Mai 1922, nach dem Bau des Zwischenbahnhofes Neu-Westend, erfolgte die Aufnahme des regelmäßigen Zugbetriebes über den Reichskanzlerplatz hinaus bis zum Bahnhof Stadion.

Die Verlängerung vom Spittelmarkt über Alexanderplatz bis Nordring

Verkehrspolitisch bedeutungsvoll war die Verlängerung der U-Bahn vom Spittelmarkt zum Alexanderplatz. Beim Bau der ersten Linie (Warschauer Brücke – Potsdamer Platz – Zoologischer Garten) hatte man eine Ost-West-Verbindung gewählt, die südlich an der eigentlichen Innenstadt vorbeiging.

Im Jahr 1908 war es dann gelungen, die Untergrundbahn nach Überwindung erheblicher Schwierigkeiten bis zum Spittelmarkt zu verlängern und hiermit erstmalig bis in die Berliner Innenstadt vorzudringen.

Für den Weiterbau der U-Bahn vom Spittelmarkt zunächst bis zum Alexanderplatz mußte die U-Bahn durch das Alt-Berliner Stadtgebiet geführt werden. In diesem Bereich, in dem sich das Stadtbild des 17. und 18. Jahrhunderts kaum verändert hatte, waren nun starke Eingriffe in die vorhandene Bebauung notwendig. Es mußten Grundstücke erworben und größere Häusergruppen abgerissen werden. Bei den Ausschachtungsarbeiten für diesen Bauabschnitt, die im März 1910 begannen, stieß man noch auf Fundamente der ehemaligen Stadtbefestigung sowie auf die Grundmauern eines Pulverturmes von Berlin/Kölln. Eine weitere Schwierigkeit in diesem Bauabschnitt bildete die Unterfahrung der Spree.

Kurz hinter dem Bahnhof Inselbrücke (heute Märkisches Museum) mußte der hier 125 m breite, 3,50 m tiefe Flußlauf der Spree doppelgleisig untertunnelt werden. Man wandte hierbei das System des Baues in offener Baugrube an. Der

Bau sollte in zwei Abschnitten von den beiden Ufern her vorangetrieben und in der Mitte des Flusses die Vereinigung der beiden Tunnelteile durchgeführt werden. Kurz vor der Zusammenführung der beiden Bauteile erfolgte jedoch ein Wassereinbruch im Südteil, an den sich die bereits fertige Tunnelstrecke nach dem Bahnhof Spittelmarkt anschloß. Infolge Quellbildung war es zu einem Eindrücken der äußeren Spundwand gekommen. Das dadurch eindringende Wasser verursachte eine Auskolkung des Untergrundes, wodurch dann wiederum die Tunneldecke etwa 16 Meter vor ihrem Ende quer durchbrach, weil hier die erforderliche feste Auflage verlorengegangen war. Das nun stark hereinbrechende Flußwasser setzte das anschließende Tunnelstück und auch die bereits in Betrieb befindliche Strecke vom Leipziger Platz bis Spittelmarkt unter Wasser, so daß hier der U-Bahn-Betrieb eingestellt werden mußte. Es gelang zwar schon bald, den Wassereinbruch abzudämmen und den Betrieb vom Leipziger Platz bis zum Bahnhof Spittelmarkt wieder aufzunehmen, man mußte sich aber zu einer Änderung des ursprünglichen Bauplanes und zur Abgrenzung eines dritten Bauabschnittes im Flußbett entschließen. Der Bau konnte dann in verhältnismäßig kurzer Zeit beendet werden, und es war der Beweis erbracht, daß es auch in Berlin möglich war, in offener Baugrube und ohne Unterbrechung des Schiffahrtsverkehrs Untertunnelungen vorzunehmen.

Dieser Unglücksfall brachte die Erkenntnis, bei allen Flußunterfahrungen die Tunnel durch Wehrkammern zu sichern, um bei etwa auftretenden Wassereinbrüchen diese Stellen schnell abriegeln zu können.

In den Tunnel herabgelassenes Wehrkammertor zur Sicherung bei Wassereinbruch. Es dichtet den Tunnel gegen eindringendes Wasser völlig ab. Links das Gefahrensignal, das automatisch aufleuchtet, sobald eines der sonst immer hochgezogenen Tore nicht mehr seine obere Endlage einnimmt

Die Hochbahnstrecke in der Schönhauser Allee mit dem Bahnhof Dimitroffstraße (früher Danziger Straße) im Jahre 1968. Auf dem Viadukt ein Kleinprofilzug Bauart A I in Richtung Alexanderplatz

Diesem schwierigen Tunnelbauwerk gegenüber waren die anderen Bauabschnitte verhältnismäßig einfach. Der Bahnhof Klosterstraße wurde sehr breit gehalten, weil man auf ihm eine U-Bahn-Linie nach der Frankfurter Allee abzweigen lassen wollte; der Bahnhof sollte daher drei Gleise erhalten. Die Frankfurter-Allee-Linie sollte bis zur Königstraße vorgeführt werden, dort in diese einbiegen und dann unter dem Alexanderplatz die neu erbaute Schönhauser-Allee-Linie kreuzen. Wenn diese Absicht in der damals vorgesehenen Form auch nicht zur Durchführung kam – der Gedanke der U-Bahn unter der Frankfurter Allee ist erst im Jahre 1930 in anderer Weise zur Ausführung gekommen –, so führte er doch zu einer zweigeschossigen Anlage des U-Bahnhofes Alexanderplatz, weil man dort den Tunnel für den künftigen Kreuzungsbahnhof unter dem Bahnsteig der Linie zur Schönhauser Allee gleich mit einbaute.

Beim Einbiegen der Bahn Spittelmarkt – Alexanderplatz von der Kloster- in die Grunerstraße war übrigens eine Unterfahrung des Eckhauses der Kunstschule nötig, die nach umfangreicher Abfangung unter Errichtung neuer Hausfundamente und bei Aufteilung des U-Bahn-Tunnels in zwei Einzeltunnel für die beiden Fahrtrichtungen erfolgreich durchgeführt werden konnte.

Am 1. Juli 1913 konnte die rund 1,7 km lange Verlängerungsstrecke Spittelmarkt – Alexanderplatz mit den Zwischenbahnhöfen Inselbrücke (heute Märkisches Museum) und Klosterstraße eröffnet werden.

Die Bauarbeiten für die weitere Streckenverlängerung vom Alexanderplatz bis Nordring (heute Schönhauser Allee) sind gleichfalls im Jahre 1910 aufgenommen worden. Die Strecke wurde zunächst als Tunnel mit den Bahnhöfen Schönhauser Tor (heute Rosa-Luxemburg-Platz) und Senefelderplatz weitergeführt.

Zwischen den Bahnhöfen Senefelderplatz und Danziger Straße ist die Bahn dann auf einer Rampe nach oben geführt und von dort aus als Hochbahn weitergebaut worden. Auch hier kamen wesentliche Änderungen zur Ausführung. Im Gegensatz zu den früheren Gitterträger-Viaduktkonstruktionen wurden jetzt vollwandige Träger verwendet. Weiterhin wurde auch bei der Hochbahnstrecke wie bei der U-Bahn-Strecke in

Abweichung von der früheren Bauweise der Übergang zu Mittelbahnsteigen an Stelle der früheren Seitenbahnsteige vollzogen. Alle Bahnsteige haben eine Länge von 110 m, so daß diese einen Betrieb mit 8-Wagen-Zügen gestatten und auch großen Verkehrsleistungen gewachsen sind. Die Bahnsteiganlagen sind zu etwa Dreiviertel ihrer Länge überdacht.

Am 27. Juli 1913 konnte die 3,3 km lange Strekke Alexanderplatz – Nordring dem Verkehr übergeben werden.

Schließlich ist auf der Strecke Spittelmarkt – Nordring (heute Schönhauser Allee) noch als besondere Neuerung in Berlin erstmalig ein selbsttätiges Signalsystem eingeführt worden.

Für die große Verkehrsdichte der neuen Strecke reichte das bisherige handbediente Blocksystem nicht aus. Man entschloß sich daher, ein selbsttätiges Signalsystem, wie es bei den Londoner U-Bahnen bereits bestand, zu verwenden. Im Betrieb auf der freien Strecke werden dabei die Signale von den fahrenden Zügen selbsttätig gesteuert. Alle Signale sind mit einer selbsttätigen Fahrsperre ausgerüstet, die bei Überfahren eines Haltsignals den Zug zum Halten bringt.

Diese Signaleinrichtung wurde dann auch auf allen anderen Strecken der Berliner U-Bahn eingeführt. Sie hat sich, natürlich mit entsprechenden Verbesserungen, bis heute erhalten und bildet die Grundlage für die unbedingt betriebssichere Durchführung des Betriebes auf der Berliner U-Bahn.

Vom Wittenbergplatz nach Uhlandstraße

Verkehrspolitisch in der gleichen Richtung wie der Bau der Linie Spittelmarkt – Alexanderplatz lag der Bau der U-Bahn-Strecke vom Wittenbergplatz zur Uhlandstraße. Sie sollte ein Anfang sein für das Vordringen der U-Bahn unter dem Kurfürstendamm hindurch nach Halensee und dem Grunewald; das Interesse der Stadtgemeinde Charlottenburg an dieser Strecke kam dadurch zum Ausdruck, daß diese einen Kostenzuschuß in Höhe von zwei Millionen Reichsmark beisteuerte. Der 1,5 km lange Abschnitt Wittenbergplatz – Uhlandstraße konnte am 12. Oktober 1913 in Betrieb genommen werden.

Der Bau der Wilmersdorf – Dahlemer U-Bahn

Ebenfalls am 12. Oktober 1913 wurde die U-Bahn-Strecke von Wittenbergplatz bis zum U-Bahnhof Thielplatz fertiggestellt und dem Verkehr übergeben. Damit waren nun auch die südwestlichen Gemeinden, Dahlem und Wilmersdorf, mit dem Berliner Stadtgebiet durch die U-Bahn verbunden.

Der erste Streckenteil bis zum Nürnberger Platz wurde von der seinerzeitigen Hochbahngesellschaft erbaut, während das anschließende Streckenstück bis zum Breitenbachplatz in einer Länge von 4,4 km von der Stadt Wilmersdorf, der Rest der Strecke bis zum Thielplatz mit einer Länge von 3 km vom Preußischen Fiskus (Domäne Dahlem) ausgebaut wurde. Die Betriebsführung lag bei der Hochbahngesellschaft. Diese U-Bahn-Strecke war eine ausgesprochene Aufschließungslinie mit der Zielsetzung, die dort für den Wohnungsbau vorgesehenen Gebiete verkehrlich zu erschließen.

Im Oktober 1909 begannen die Bauarbeiten mit dem Umbau des Durchgangsbahnhofes Wittenbergplatz zu einem Umsteigebahnhof, indem zu der bereits befahrenen Stammstrecke Warschauer Brücke – Reichskanzlerplatz unter Aufrechterhaltung des Bahnbetriebes zwei neue Strecken hinzukamen. Da es sich nicht um kreuzende, sondern um gleichlaufende Linien mit Abzweigungen handelte, wurden die verschiedenen Bahnsteige nicht untereinander, sondern nebeneinander angeordnet. Die Möglichkeit zu einer solchen Bauweise war dadurch gegeben, daß der Wittenbergplatz mit seiner großen unbebauten Fläche genügend Raum bot, um eine breite Bahnhofsanlage ohne Behinderung durch die Fundamente angrenzender Häuser auszuführen. Der neu entstandene Bahnhof Wittenbergplatz hatte nun zwei Mittelbahnsteige und einen Seitenbahnsteig mit zusammen fünf Gleisen. Der Zugang zu den Bahnsteigen erfolgt über eine oberirdische Verteilerhalle, die direkt über den Bahnhofsanlagen liegt.

Schwierig gestalteten sich bei den Streckenbauarbeiten die erforderlichen Kunstbauten, um die Abzweigung der beiden Linien zur Uhlandstraße und zum Nürnberger Platz kreuzungsfrei zu gestalten. Die U-Bahn-Gleise Richtung Uhlandstraße wurden rechts und links neben der bereits bestehenden Gleisanlage in Richtung Bahnhof Zoo eingebaut. Der Abzweig in den Kurfürstendamm erfolgt kurz vor der Kaiser-Wilhelm-Gedächtniskirche, wobei die bestehende U-Bahn durch das Gleis in Fahrtrichtung Uhlandstraße unterfahren wird. Die Verlängerung dieser Linie in Richtung Halensee mußte jedoch wegen des Ausbruchs des Ersten Weltkrieges unterbleiben.

Auch die Linie Nürnberger Platz – Dahlem hat ihren Ausgangspunkt am Wittenbergplatz. Das Eckhaus der Tauentzien- und Nürnberger Straße mußte unterfahren werden; es wurde daher das dort stehende Gebäude abgerissen und über dem fertiggestellten U-Bahn-Tunnel der neue Tauentzienpalast errichtet. Alle Bahnhöfe dieser Strecke sind als reine Durchgangsbahnhöfe gestaltet und mit Bahnsteigen von 110 m Länge für den Betrieb mit 8-Wagen-Zügen eingerichtet.

Im weiteren Streckenverlauf bildete die Überquerung des Wilmersdorfer Fenns, einer alten Sumpf- und Seenkette, besondere Schwierigkeiten. Hier erforderte der schlechte Baugrund, der erst in 15 bis 20 m Tiefe genügende Tragfähigkeit finden ließ, eine Pfahlgründung. Auf etwa 1500 Pfählen wurde die sogenannte Seeparkbrücke erbaut, die oben als Straßenbrücke ausgeführt ist, während unter ihrem Pflaster der Bahnkörper der U-Bahn in ähnlicher Form wie die Linie Nollendorfplatz – Innsbrucker Platz am Schöneberger Stadtpark ausgeführt ist. Kurz hinter der Seeparkbrücke am U-Bahnhof Heidelberger Platz erfolgt die Unterfahrung der Ringbahn direkt vor dem Bahnhof Schmargendorf. Von der Podbielskiallee an ist dann die Dahlemer Bahn als Einschnittbahn geführt. Es besteht prinzipiell die Möglichkeit, diesen Streckenteil ohne Schwierigkeiten durch Bau von Tunnelwänden und einer Tunneldecke in eine Untergrundbahn zu verwandeln. Das ist jedoch weder gegenwärtig noch langfristig vorgesehen. Eine Besonderheit der Strecke nach Wilmersdorf und Dahlem bestand in der neuen architektonischen Ausgestaltung der Bahnhöfe, die namentlich auf der Strecke der Wilmersdorfer Bahn den Charakter des reinen Zweckbaues bewußt verließen.

Am Bahnhof Thielplatz wurde für die Wartung der auf diesem Streckenteil eingesetzten Fahrzeuge eine provisorische Betriebswerkstatt ein-

Bahnhof Dahlem-Dorf im Jahr 1914 mit dem mit zwei Führerständen versehenen A I-Triebwagen Nr. 82

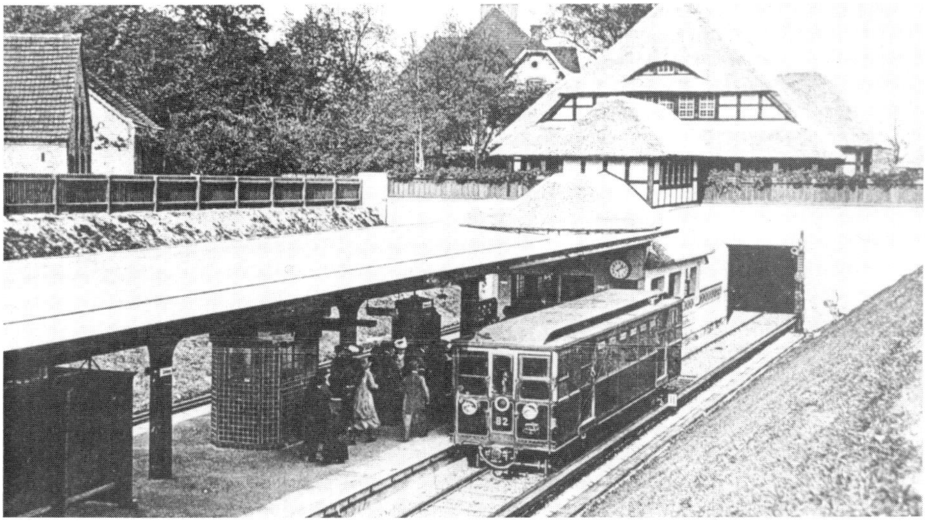

gerichtet, die im Dezember 1929 mit der weiteren Verlängerung der Bahn wieder aufgegeben wurde. Die Wilmersdorf – Dahlemer U-Bahn mit ihren neun Bahnhöfen

Nürnberger Platz
Hohenzollernplatz
Fehrbelliner Platz
Heidelberger Platz (Übergang zur S-Bahn)
Rüdesheimer Platz
Breitenbachplatz
Podbielskiallee
Dahlem – Dorf
Thielplatz

hat eine Länge von 8,6 km.

1913: Abschluß der ersten Ausbauphase

Zurückschauend war das Jahr 1913 für die Berliner U-Bahn von besonderer Bedeutung. Das U-Bahn-Netz wurde um insgesamt 16,9 km auf 37,8 km erweitert, was fast einer Verdoppelung der betriebenen Strecken gleichkam. Ebenso wich die Struktur des U-Bahn-Netzes am Ende des Jahres 1913 erheblich von dem früheren Linienbild ab. War es bis dahin im wesentlichen eine Ost-West-Verbindung mit einem nördlichen (Potsdamer Platz – Spittelmarkt) und einem südlichen Abzweig (Schöneberg, Hauptstraße), so schufen die weiteren Verlängerungen nach Norden und Südwesten das Bild eines von einem Mittelpunkt im Stadtzentrum nach den Außenbezirken ausstrahlenden radialen Liniennetzes. Es war damit der typische Charakter der Berlin U-Bahn als innerstädtisches Verkehrsmittel geschaffen, der sich bis heute erhalten hat und der gerade dem Netz der Berliner U-Bahn das für den gesamten Berliner Verkehr so außerordentlich günstige Gepräge gibt. Allerdings war dies auch das letzte Anwachsen des Liniennetzes vor Ausbruch des Ersten Weltkrieges, der dem weiteren Ausbau ein vorläufiges Ende setzte.

Der verkehrliche Erfolg der neuen U-Bahn-Strecken erwies sich durchaus den Erwartungen entsprechend. Namentlich die Linie zur Schönhauser Allee wurde bald zu einer der am stärksten befahrenen Strecke des gesamten Berliner U-Bahn-Netzes. Allein auf der Bahnhöfen der Strecke von Inselbrücke (heute Märkisches Museum) bis Nordring (Schönhauser Allee) gingen in den Jahren 1913 bis 1938 nicht

Fahrschautafel des Stellwerkes Baujahr 1913 im Bahnhof Wittenbergplatz, ca. 1960

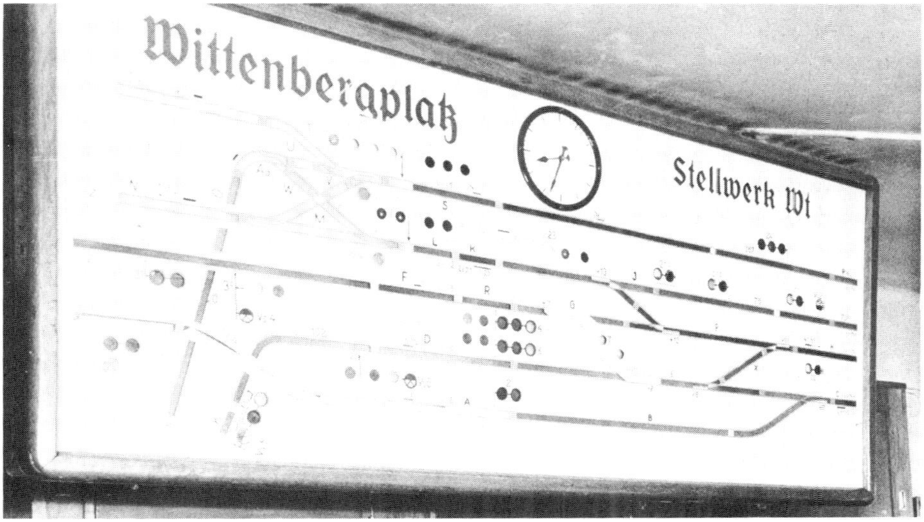

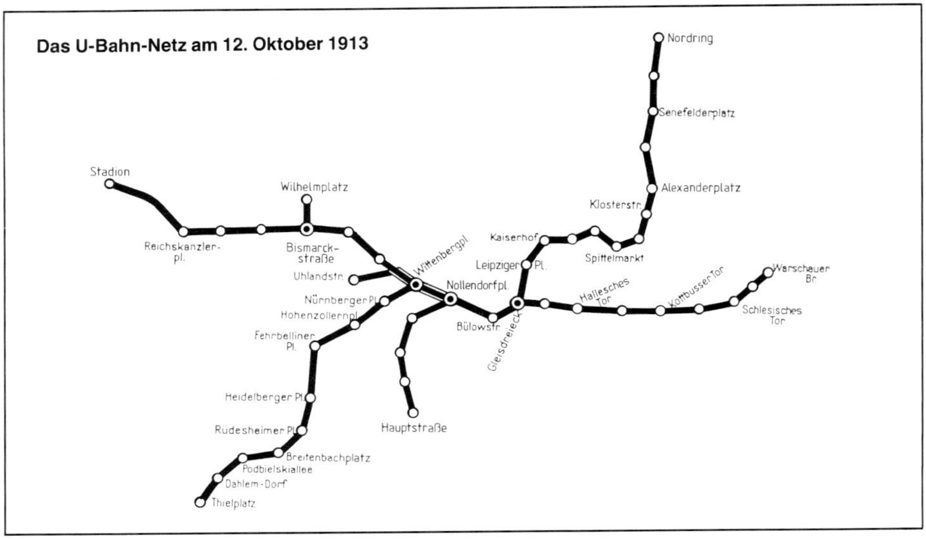

Das U-Bahn-Netz am 12. Oktober 1913

weniger als 1,116 Milliarden Fahrgäste im Zu- und Abgang durch die Sperren. Aber auch die ganz anders geartete Strecke nach Wilmersdorf – Dahlem erwies sich als verkehrspolitisch richtig. Die an ihr gelegenen Gebiete entwickelten sich im Laufe der Jahre immer mehr zu ausgesprochenen Wohngegenden.

Während der U-Bahn-Bau in Schöneberg und Wilmersdorf von den in Frage kommenden Gemeinden auf eigene Rechnung erfolgte, ist der Betrieb auf Grund von besonderen Betriebsverträgen von der Hochbahngesellschaft geführt worden, die auch ihre eigenen Wagen mit auf den Strecken dieser Gemeinden einsetzte. Auf diese Weise blieb die Betriebsführung der ganzen Berliner Hoch- und Untergrundbahn dauernd allein in der Hand der Hochbahngesellschaft, wodurch eine einheitliche Verkehrsabwicklung ermöglicht wurde.

Der weitere Ausbau des Netzes bis 1930

Die U-Bahn-Nord-Süd-Verbindungen

Mit der Inbetriebnahme der Stammlinie der Hochbahn war neben der vom Staat erbauten, damals dampfbetriebenen Stadtbahn eine zweite Ost-West-Verbindung geschaffen worden. Es machte sich aber das Bedürfnis geltend, Berlin auch in Nord-Süd-Richtung mit Schnellbahnen zu versehen. Zehn Jahre nach Inbetriebnahme der von einer privaten Gesellschaft errichteten ersten Berliner Hoch- und Untergrundbahn begann der damalige Berliner Magistrat, U-Bahn-Linien in eigener Regie auszuführen.

Die damalige Planung sah drei Nord-Süd-Verbindungen vor: die Linie Gesundbrunnen – Neukölln, die sogenannte Nordsüdbahn Seestraße – Belle-Alliance-Straße mit Verlängerungen nach Tempelhof und Neukölln und die Linie Moabit – Görlitzer Bahnhof mit möglichen Verlängerungen nach Charlottenburg und Treptow; die Planungsarbeiten zu der letztgenannten Verbindung wurden jedoch wegen des Ersten Weltkrieges eingestellt.

Das von der Hochbahngesellschaft gewählte Tunnelprofil wurde für die von der Stadt Berlin vorgesehenen U-Bahn-Linien vergrößert; auf den künftigen U-Bahn-Strecken sollten Fahrzeuge mit einer Breite von 2,65 m (gegenüber 2,30 m Wagenbreite der Hochbahngesellschaft) verkehren. Gleichzeitig fiel die Entscheidung, von der von oben bestrichenen (stehenden) Stromschiene der Hochbahngesellschaft zur von unten bestrichenen (hängenden) Stromschiene überzugehen. Damit entstand die noch heute bestehende Aufteilung der Berliner U-Bahn in ein Kleinprofil- und ein Großprofilnetz.

Die erste Nord-Süd-Verbindung Seestraße – Bergstraße

Die Planung für die Nord-Süd-Verbindung Seestraße – Bergstraße (heute Karl-Marx-Straße) reicht bis in das Jahr 1905 zurück. Nach vielen Projektänderungen wurde am 31. Januar 1912 die landespolizeiliche Genehmigung für den Bau der Strecke von der Seestraße bis zur Belle-Alliance-Straße, Ecke Gneisenaustraße erteilt; der bereits bestehende U-Bahnhof Stadtmitte und der Hochbahnhof Hallesches Tor sollten unterfahren und als Umsteigebahnhöfe ausgeführt werden.

Die Nordsüdbahn beginnt im Norden Berlins in der Müllerstraße an der Seestraße, führt durch die Chaussee- und Friedrichstraße, kreuzt an der Weidendammer Brücke die Spree und am Halleschen Tor den Landwehrkanal und teilt sich an der Ecke Belle-Alliance Straße/Gneisenaustraße in den Tempelhofer und den Neuköllner Zweig dieser Linie.

Die Strecke von der Seestraße bis zur Gneisenaustraße wurde in sieben Baulose eingeteilt. 1912 erfolgte der erste Rammschlag in der Chausseestraße. 1913 wurde mit dem U-Bahn-Bau an weiteren Losen begonnen. Der Erste Weltkrieg verzögerte die Arbeiten; trotzdem konnten bis 1917 zwei Baulose im Rohbau fertiggestellt werden, während sich vier weitere Lose in Bauausführung befanden.

Der Erste Weltkrieg war, wie einem Bericht der damaligen Bauleitung entnommen werden konnte, „... für die Bauausführung zum Teil vorteilhaft, zum Teil nachteilig. Vorteilhaft war es, daß der Verkehr in den Straßen nachließ und die Einschränkungen, die dem Verkehr durch die Bauausführungen erwuchsen, sich weniger fühlbar machten. Ebenso bewiesen die Hausbesitzer und Ladeninhaber bei den Verkehrsstörungen auf den Bürgersteigen, die wegen der Änderung und Verlegung der Rohrleitungen oft aufgerissen werden mußten, mehr Nachsicht als sonst. Demgegenüber traten aber große Erschwernisse zunächst bei der Bodenabfuhr ein, da sowohl die Kraftwagen wie die Pferde von der Militärverwaltung mit Beschlag belegt wurden. Es mußten deshalb an mehreren Stellen Transportbahnen durch die Straßen gelegt werden,

Das U-Bahn-Netz am 24. Oktober 1926

Typische Beschilderung eines U-Bahnhofes bis in die sechziger Jahre

auf denen der Boden bis nach den nächsten Schiffsverladestellen bewegt wurde. In gleicher Weise wurden auch umgekehrt die Baustoffe, namentlich Kies und Zement angefahren. Während im ersten Kriegsjahr Arbeitskräfte reichlich zur Verfügung standen, wurden sie mit der Zeit immer knapper. An die Stelle der Männer traten dann aber Frauen namentlich zur Bewältigung von Erdarbeiten; angesichts dieser Ergänzung konnte die Arbeit weiter fortgesetzt und wird hoffentlich auch vollendet werden."*)

Die Begleiterscheinungen der Nachkriegszeit, Streiks, Baustoffmangel und Inflation, hemmten den Baufortschritt so, daß 1921 ernsthaft in Erwägung gezogen war, die halbfertigen Tunnelstrecken in der Chausseestraße, Friedrichstraße und am Halleschen Tor wieder zuzuschütten. Aber diese Maßnahme hätte fast ebenso große Kosten verursacht, wie durch die Fertigstellung des Rohbaues entstanden waren.

Im Jahre 1922 wurde von der Stadt Berlin die Nordsüdbahn AG (NSAG) gegründet und ihr trotz finanzieller Not und Unsicherheit die Fertigstellung der ersten beiden Streckenabschnitte übertragen.

Am 30. Januar 1923 konnte die erste Teilstrecke zwischen den U-Bahnhöfen Stettiner Bahnhof und Hallesches Tor in einer Länge von 4,0 km eröffnet werden. Die Geldmittel hatten aber nicht ausgereicht, auch noch Fahrzeuge zu beschaffen. Die Nordsüdbahn übertrug daher die Betriebsführung der Hochbahngesellschaft mit der Bedingung, je 24 Trieb- und Beiwagen nach Anbau entsprechender Bohlen zum Breitenausgleich zur Verfügung zu stellen.

Am 8. März 1923 erfolgte die Inbetriebnahme des Teilabschnittes vom Stettiner Bahnhof bis zur Seestraße (neue Betriebslänge 6,55 km; Bauwerkslänge 6,9 km).

Bei den Arbeiten an der Nordsüdbahn ergaben sich bautechnisch erhebliche Schwierigkeiten. In der Chausseestraße mußten zwei Wasserläufe (die beiden Pankearme Schönhauser Graben und Stadtpanke) gedükert werden. An der Weidendammer Brücke wird die Spree unterfahren. Für den Bau des Spreetunnels wurde die Weidendammer Brücke abgebrochen und zwei Notbrücken errichtet. Wegen der Aufrechterhaltung der Schiffahrt und der gefahrlosen Abführung des Spreehochwassers mußte die Tunnelbaugrube in drei Bauabschnitten hergestellt werden. Der Nordsüdbahntunnel wurde so ausgeführt, daß die Weidendammer Brücke unabhängig vom Tunnelbau neu errichtet werden konnte.

Zwischen Weidendammer Brücke und Bahnhof Friedrichstraße wird eine 60 m lange Moorstrecke durchfahren, die erst in 29 m Tiefe tragfähigen Boden aufwies.

Es folgt die Kreuzung der Stadtbahn am Bahnhof Friedrichstraße, deren Fundamente, die durch den U-Bahn-Bau gefährdet waren, unter Aufrechterhaltung des Betriebes gesichert, zum Teil unterfangen und tiefer herabgeführt werden mußten.

Die bereits bestehende Untergrundbahn Potsdamer Platz – Nordring wird an der Mohrenstraße unterfahren. Zwischen Besselstraße und Halleschem Tor durchquert die Nordsüdbahn eine weitere 230 m lange und bis zu 16 m tiefe Moorstrecke.

Die Kreuzung mit der Hochbahn am Halleschen Tor bei gleichzeitiger Unterfahrung des Landwehrkanals erforderte einen Umbau der Hochbahnanlage, da der Bau der Nordsüdbahn die Beseitigung eines Pfeilers notwendig machte. Ebenso mußte ein Torgebäude am Halleschen Tor unterfahren werden, um mit der Nordsüdbahn an der Belle-Alliance-Brücke vorbeizukommen.

Der neuen U-Bahn fehlten noch eine Betriebswerkstatt einschl. Abstellhalle und eine Hauptwerkstatt für größere Reparaturen sowie zur Durchführung der gesetzlichen Hauptuntersuchungen, da die Werkstätten der Hochbahngesellschaft wegen des kleineren Tunnelprofils nicht benutzt werden konnten.

Die Stadt Berlin stellte für die Werkstatt ein Gelände nördlich des Bahnhofes Seestraße, umgrenzt von Ungarnstraße, Edinburger Straße, Türkenstraße und Müllerstraße, zur Verfügung. Hier entstand die Haupt- und Betriebswerkstatt Nordsüd (heute Seestraße). Der Ausbau dauer-

*) Bericht des Geh. Baurat F. Krause, Stadtbaurat, Oberbauleitung der Nordsüdbahn, vom 26. November 1916.

te bis 1925. Die Gleise des Bahnhofes Seestraße wurden unter der Seestraße hindurch im Zuge der Müllerstraße verlängert und erreichen das Werkstattgelände in einer scharfen Rechtskurve mit parallel zur Ungarnstraße liegendem Tunnelmund.

Die südliche Verlängerung – ca. 1,4 km – der Nordsüdbahn über das Hallesche Tor hinaus mit den Bahnhöfen Belle-Alliance-Straße (heute Mehringdamm) und Gneisenaustraße wurde am 19. April 1924 und das etwa 1,0 km lange Teilstück Gneisenaustraße – Hasenheide (heute Südstern) am 14. Dezember 1924 in Betrieb genommen.

Beim Bau des Bahnhofes Belle-Alliance-Straße ist die später eröffnete Abzweigung nach Tempelhof mit berücksichtigt worden. Die Nordsüdbahn weist unmittelbar hinter diesem Bahnhof in Richtung Gneisenaustraße eine sehr scharfe Linkskurve mit einem Radius von 100 m bei einer Steigung von 1:33 auf, um den Tempelhofer Abzweig zu überqueren. Die Betriebserfahrungen lehrten sehr bald, in Schnellbahnnetze keine derart kleinen Radien mit solchen Steigungen mehr einzubauen. Diese Stelle ist bis heute ein Engpaß mit signalabhängiger Geschwindigkeitsüberwachung.

Am 11. April 1926 konnte auch das Teilstück der Neuköllner Strecke mit den Bahnhöfen Hermannplatz, Rathaus Neukölln und Bergstraße (heute Karl-Marx-Straße) dem Verkehr übergeben werden.

Die Nordsüdbahn Seestraße – Bergstraße hatte jetzt (1926) die folgenden Bahnhöfe:

Seestraße
Leopoldplatz
Bahnhof Wedding (heute Wedding, Übergang zur S-Bahn)
Reinickendorfer Straße
Schwartzkopffstraße (heute Stadion der Weltjugend)
Stettiner Bahnhof (heute Nordbahnhof)
Oranienburger Tor
Stadtbahn (Friedrichstraße) (heute Friedrichstraße; Übergang zur S- und Fernbahn)
Französische Straße
Mohrenstraße (heute Stadtmitte, Übergang zur Linie A)
Kochstraße

Einer der beiden Eingänge des Bahnhofes Gneisenaustraße, der in seiner Art typisch für viele Berliner U-Bahnhöfe ist. In den bis zu 60 m breiten Straßen befindet sich der U-Bahn-Tunnel meist in Mittenlage

Motorlokomotive (mit mechanischem Getriebe) der Nordsüdbahn AG für die Strecke Seestraße – Bergstraße. Die Motorlokomotive wurde später auch auf anderen Großprofilstrecken eingesetzt (Nr. 1015)

Hallesches Tor (Übergang zur Linie B, heute Linie U1)
Belle-Alliance-Straße (heute Mehringdamm)
Gneisenaustraße
Hasenheide (heute Südstern)
Hermannplatz (Übergang zur Linie D, heute Linie U8)
Rathaus Neukölln
Bergstraße (heute Karl-Marx-Straße)

Die Bahnhöfe der Nordsüdbahn haben durchweg Mittelbahnsteige von 7,0 m Breite und ca. 81 m nutzbarer Länge. Sie befinden sich im allgemeinen 4,25 m unter der Straßenoberfläche. Der Zugang erfolgt an beiden Enden des Bahnsteigs durch Treppenanlagen, die eine Breite von 2,75 m bis zu 4,0 m aufweisen und zumeist auf Inseln in Straßenmitte untergebracht sind. Sofern die Straße eine derartige Einschränkung der Fahrbahn nicht zuließ, wurden zwei Treppen von nur 2,0 m Breite hintereinander angeordnet, von denen die dem Bahnsteig nächst liegende nur dem Ausgang, die andere dem Zugang diente.

Abweichend hiervon mußte beim Bahnhof Friedrichstraße der südliche Zugang zu beiden Seiten der Friedrichstraße in der Georgenstraße angeordnet werden (ein östlicher Eingang vom Stadtbahnbogen aus, ein westlicher Zugang vom Vorplatz des Stadtbahnhofes). Die seitliche Anordnung der Zugänge war möglich, da der U-Bahnhof Friedrichstraße infolge der nahe gelegenen Spreeunterfahrung eine tiefere Lage (6,60 m 1½fache Tiefenlage) unter der Straßenoberfläche erhalten mußte, so daß für die Zugänge über dem Tunnel noch genügend Raum verblieb. Gleichzeitig konnte ein unmittelbarer Zugang zur S-Bahn hergestellt werden.

Die zweite Nord-Süd-Verbindung Gesundbrunnen – Neukölln

Der Bau dieser Schnellbahn, die im Norden Berlins in der Schwedenstraße an der Christianastraße beginnen sollte, durch Bad- und Brunnenstraße zum Bahnhof Alexanderplatz führt, zwischen der Waisen- und der Jannowitzbrücke die Spree unterfährt, den Oranien- und Hermannplatz berührt und in der Hermannstraße an der Münchener Straße enden sollte, wurde 1912 von der Stadt Berlin der von der AEG gegründeten „AEG-Schnellbahn AG" übertragen und sollte in der Weise unterstützt werden, daß die Stadt einen baren Zuschuß bis zu 5,9 Millionen Mark zahlte und für die Hälfte des Anlagekapitals Gewähr leistete.

Die ersten Pläne für die zweite, östlich der Nordsüdbahn verlaufende Nord-Süd-Verbindung wurden übrigens bereits 1902 von der „Continentalen Gesellschaft für elektrische Unternehmungen" in Nürnberg entwickelt. Sie sahen eine

Schwebebahn nach Wuppertaler Vorbild in zwei Linien vor. Deren Schöpfer, Eugen Langen, hatte schon in den neunziger Jahren ein Schwebebahnprojekt für Berlin vorgelegt. Eine Probestrecke für die Nord-Süd-Linie (auf ähnlicher Trasse wie die AEG-Bahn) stand von 1906 bis 1913 in der Brunnenstraße. Auch für Schöneberg war eine Schwebebahn geplant.

Nach Zustimmung der Genehmigungsbehörden für den Plan der AEG-Schnellbahn wurde 1913 mit dem Bau der Tunnelstrecke und der Konstruktion der Wagen begonnen. 1916 erfolgte die Lieferung von zwei Probewagen. Der Erste Weltkrieg erforderte die Einstellung aller Arbeiten an diesem Projekt, während der Inflationsjahre mußte die zur Durchführung des Baues und Betriebes dieser Untergrundbahn gegründete AEG-Schnellbahngesellschaft liquidiert werden. Die bereits ausgeführten Streckenabschnitte gingen dabei in den Besitz der Stadt Berlin über, die ihrerseits die Fortsetzung der Arbeiten der Nordsüdbahn AG übertrug. Erst ab 1926 konnte der Weiterbau dieser Strecke mit teilweise geänderter Linienführung erfolgen. Die beiden Probewagen erhielt die Eisenbahndirektion Berlin für ihre seit 1903 elektrisch betriebene Strecke Berlin Potsdamer Bahnhof – Groß-Lichterfelde-Ost.

Die Verbindung Gesundbrunnen – Neukölln, die sogenannte GN-Bahn, erhielt die folgenden Bahnhöfe:

Gesundbrunnen (Übergang zur S-Bahn und Fernbahn)
Voltastraße
Bernauer Straße
Rosenthaler Platz
Weinmeisterstraße
Alexanderplatz (Übergang zu den Linien A und E sowie zur S-Bahn und Fernbahn)
Jannowitzbrücke (Übergang zur S-Bahn)
Neanderstraße (heute Heinrich-Heine-Straße)
Moritzplatz
Kottbusser Tor (Übergang zur Linie B, heute Linie U1)
Schönleinstraße (heute Kottbusser Damm)
Hermannplatz (Übergang zur Linie C, heute Linie U7)
Boddinstraße
Leinestraße

Das erste Teilstück zwischen den Bahnhöfen Boddinstraße – Schönleinstraße mit dem Umsteigebahnhof Hermannplatz konnte am 17. Juli 1927 in Betrieb genommen werden.

Am U-Bahnhof Boddinstraße Richtung Leinestraße wurde für die auf den ersten Teilabschnitten eingesetzten Fahrzeuge eine provisorische unterirdische Betriebswerkstatt eingerichtet, bis im April 1930 die nördliche Verlängerung dieser Linie fertiggestellt war und über den Verbindungstunnel D/E am Alexanderplatz Schienenverbindung mit der neuen Betriebswerkstatt Friedrichsfelde bestand.

Der Turmbahnhof Hermannplatz, über dessen zweckmäßigste Ausführung zwischen der städtischen Nordsüdbahn und der AEG-Schnellbahn lange Zeit keine Einigung erzielt werden konnte, wurde weiträumig und großzügig ausgelegt. Hier sind auch zum ersten Mal im Berliner U-Bahn-Netz Fahrtreppen zur Erleichterung des Umsteigeverkehrs eingebaut worden. Ein Verbindungsgleis zwischen den beiden sich am Hermannplatz kreuzenden Strecken ermöglicht einen Fahrzeugaustausch.

Am 12. Februar 1928 konnte die Verlängerung Schönleinstraße (heute Kottbusser Damm) – Kottbusser Tor und am 6. April 1928 die Strecke Kottbusser Tor – Moritzplatz – Neanderstraße (heute Heinrich-Heine-Straße) eröffnet werden.

Die Betriebsführung auf dem gesamten Abschnitt Boddinstraße – Neanderstraße erfolgte auf Grund eines Betriebsvertrages durch die Hochbahngesellschaft.

Zwischen Schönleinstraße und Kottbusser Tor wird der Landwehrkanal unterfahren, nördlich vom Kottbusser Tor waren mehrere Hausunterfahrungen erforderlich. Durch die geringe Breite der Neanderstraße mußten die Bahnhofseingänge des U-Bahnhofes Neanderstraße in die bestehende Bebauung verlegt werden. Im Bereich des Kottbusser Tors wird auch die seit 1902 bestehende Hochbahnstrecke von Warschauer Brücke nach Gleisdreieck gekreuzt.

Um zwischen dem Untergrundbahnhof und dem Hochbahnhof Kottbusser Tor eine gute und bequeme Umsteigemöglichkeit zu schaffen, ist im Jahre 1929 der Hochbahnhof um 100 m nach Westen verlegt worden. Der Neubau erhielt

Das U-Bahn-Netz am 6. April 1928

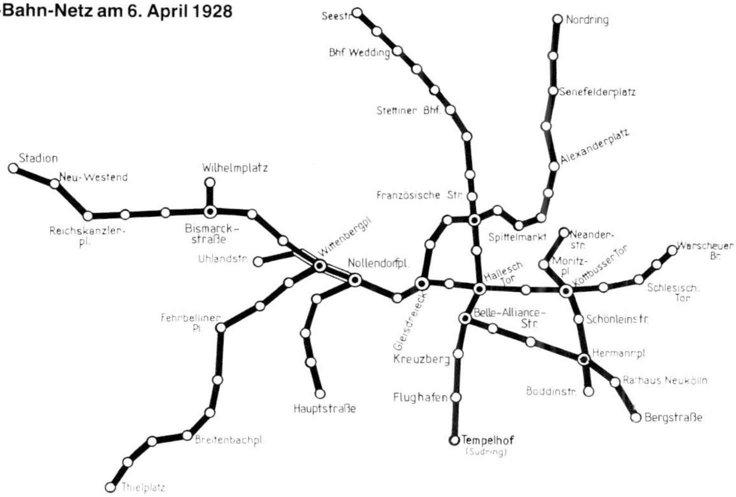

Der Neubau des Hochbahnhofes Kottbusser Tor im Jahre 1929

einen Mittelbahnsteig von 110 m Länge und 11 m Breite.

Gleichzeitig wurde der gesamte Platz am Kottbusser Tor, auf den acht Straßenzüge münden, umgebaut. Um den Straßenverkehr durch die Stützen des neuen Hochbahnhofes nicht zu behindern, erhielt die Brückenkonstruktion die beachtliche Spannweite von 52,5 m zwischen den Pfeilern.

Die Abzweigstrecke von Belle-Alliance-Straße nach Tempelhof

Mit dem Bau der Nordsüdbahn Seestraße – Bergstraße (heute Karl-Marx-Straße) war gleichzeitig eine Abzweigung vom U-Bahnhof Belle-Alliance-Straße (heute Mehringdamm) in südlicher Richtung nach Tempelhof geplant. Mit den Bauarbeiten zu dem ersten 1,3 km langen Abschnitt wurde im September 1924 begonnen; am 14. Februar 1926 war dieses Teilstück bis zum U-Bahnhof Kreuzberg (heute Platz der Luftbrücke) fertiggestellt. Am 10. September 1927 ist die etwa 1,0 km lange Bahnstrecke Kreuzberg – Flughafen (heute Paradestraße) und am 22. Dezember 1929 das 854 m lange Teilstück bis zum U-Bahnhof Tempelhof dem Betrieb übergeben worden.

Für das letzte Teilstück begannen die Bauarbeiten im November 1927. Die verhältnismäßig lange Dauer der Bauarbeiten erklärt sich aus den Schwierigkeiten, die die Kreuzung mit der Ringbahn bei gleichzeitiger Verbreiterung der Straßenunterführung mit sich brachte. Der U-Bahnhof Tempelhof liegt südlich der Ringbahn. An seinem nördlichen Ende ist ein unmittelbarer straßenfreier Übergang zum S-Bahnhof Tempelhof geschaffen worden. Der U-Bahnsteig hat eine Länge von 120 m und eine Breite von 9 m.

Bereits 1927 war eine weitere Verlängerung der Bahn um etwa 1,7 km bis über den Teltowkanal mit den Bahnhöfen „Rathaus Tempelhof" und „Ullsteinstraße" vorgesehen, die aber erst 1966 verwirklicht werden konnte.

Bahnhof Gleisdreieck, oberer Bahnsteig, nach Fertigstellung der Entlastungslinie Gleisdreieck – Wittenbergplatz über Kurfürstenstraße

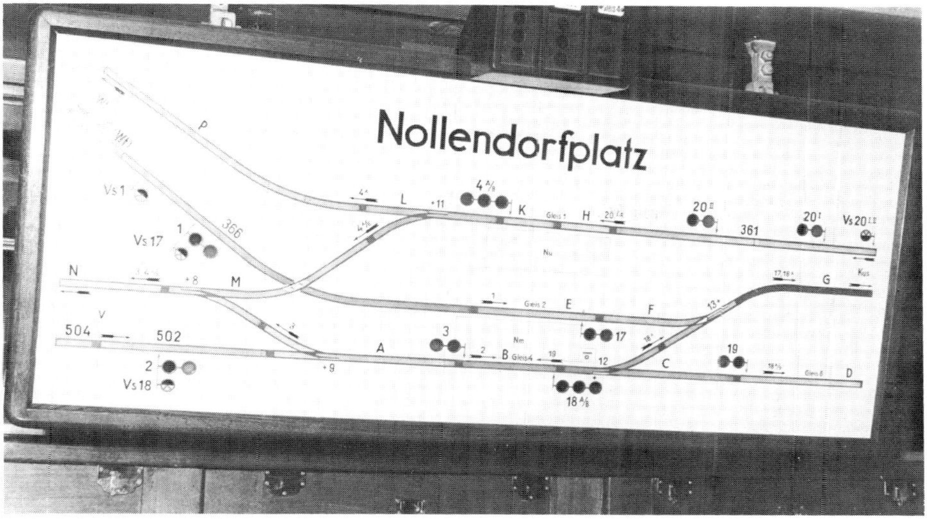

Fahrschautafel des Stellwerkes im U-Bahnhof Nollendorfplatz. Die nebeneinander dargestellten Bahnsteige befinden sich in Wirklichkeit übereinander

Die Entlastungslinie Gleisdreieck – Nollendorfplatz – Wittenbergplatz

Durch den im Jahre 1912 erfolgten Umbau des Gleisdreiecks war der durchgehende Zugverkehr auf der Ost-West-Linie unterbrochen. Die bereits seit langem geplante Entlastungslinie mit den Bahnhöfen Kurfürstenstraße und Nollendorfplatz stellte die Architekten vor schwierige Aufgaben.

Der bestehende Untergrundbahnhof Nollendorfplatz der Schöneberger U-Bahn, der 1910 nur provisorisch angelegt worden war, wurde aufgegeben und durch einen Umsteigebahnhof mit zwei unterirdisch untereinander angeordneten Betriebsebenen ersetzt.

Schwierigkeiten bereitete auch das Teilstück vom Untergrundbahnhof Kurfürstenstraße zum Hochbahnhof Gleisdreieck mit einem zu überwindenden Höhenunterschied von fast 19 m. Nach Unterfahrung von vier Häusern entwickelt sich eine Rampe mit einer Steigung von 1:30,5 bis zum Bahnhof Gleisdreieck.

Im ganzen beanspruchte die Bahn 30 Hausgrundstücke, die überwiegend von der Hochbahngesellschaft erworben wurden. Eine Eintragung von Unterfahrungsrechten war zum Teil erforderlich. Auf der gesamten Rampenstrecke liegen die Gleise in einer doppelwandigen schallisolierten Röhre, um Betriebsgeräusche in den anliegenden Wohnhäusern zu vermeiden.

Am 24. Oktober 1926 konnte die Entlastungslinie dem Verkehr übergeben werden.

Die Verlängerung Thielplatz – Krumme Lanke

Der Weiterbau der Wilmersdorf – Dahlemer U-Bahn nach Südwesten war gleichzeitig mit der bereits seit einigen Jahren schwebenden Übernahme der dem Preußischen Fiskus (Domäne Dahlem) gehörenden Bahnstrecke Breitenbachplatz – Thielplatz in das Eigentum der Stadt Berlin verbunden worden. Der Preußische Fiskus trat seinen Teil der Dahlemer Bahn einschließlich einer Geländefläche sowie das für die Verlängerung benötigte fiskalische Gelände unentgeltlich an die Stadt ab und schoß zu den Baukosten 850 000 Mark zu.

6-Wagen-Zug Bauart A I auf der Fahrt nach Krumme Lanke

Den Rohbau der gesamten Verlängerungsstrecke Thielplatz – Krumme Lanke einschließlich der Straßenüberführungen und des Bahnhofsgebäudes Krumme Lanke hatte der Sommerfeld-Konzern, der zu beiden Seiten der Bahn umfangreiche Bauvorhaben plante, auf seine Kosten hergestellt und auch das in seinem Besitz befindliche Gelände unentgeltlich zur Verfügung gestellt. Der Stadt Berlin war durch diesen U-Bahn-Bau kaum eine nennenswerte finanzielle Belastung erwachsen.

Die neue rund 3,1 km lange Strecke, die als Einschnittbahn gebaut ist, erschloß zunächst ein für den Ausflugsverkehr bedeutungsvolles Gelände, das schon bald durch umfangreiche Wohnungsbauvorhaben genutzt wurde. Ebenso erhielten einige der in den letzten Jahren in dieser Gegend entstandene Siedlungen erst durch die neue Bahn eine vollwertige Verkehrsverbindung. Durch eine spätere Verlängerung dieser Strecke in Richtung Düppel läßt sich ein Anschluß an die Wannseebahn (S-Bahn) am Bahnhof Lindenthaler Allee herstellen.

Die neuen Bahnhöfe Oskar-Helene-Heim, Onkel Toms Hütte und Krumme Lanke erhielten Mittelbahnsteige mit der üblichen Länge von 110 Metern.

Die 3,1 km lange Kleinprofilstrecke wurde am 22. Dezember 1929 in Betrieb genommen. Im Zusammenhang mit dieser Streckenerweiterung wurde zur Wartung des Wagenparks am Bahnhof Krumme Lanke eine Wagenhalle für vier 8-Wagen-Züge, eine Werkstatt, ein Umformerwerk sowie eine Hausgruppe mit Dienstwohnungen errichtet.

Diese südwestliche U-Bahn-Verbindung hat sich nach ihrer Weiterführung bis zum Bahnhof Krumme Lanke zur Hauptausflugslinie des Berliner U-Bahn-Netzes entwickelt, auf der an schönen Tagen bis zu 40000 Personen im Ausflugsverkehr befördert werden.

Die Verlängerung Stadion – Ruhleben

Ebenfalls am 22. Dezember 1929 wurde die Strecke vom Bahnhof Stadion (heute Olympia-Stadion) bis Ruhleben dem Verkehr übergeben. Die 1041 m lange Strecke führt auf einem Damm vom damaligen Endpunkt Stadion an dem Betriebsgelände der Werkstatt Grunewald vorbei zum neuen Endbahnhof Ruhleben an der Charlottenburger Chaussee. Diese Verlängerung war als erster Schritt zum Anschluß des Bezirkes Spandau mit der U-Bahn gedacht; durch die Straßenbahnlinien in der Charlottenburger Chaussee bestand hier nun eine gute Verbindung von Berlin nach Spandau und umgekehrt. Das Zentrum Spandaus wurde allerdings erst 55 Jahre später auf anderem Weg durch die Verlängerung der U-Bahn-Linie 7 am 1. Oktober 1984 erreicht. In Verbindung mit der Verlängerung bis Ruhleben wurde auch der Bahnhof Stadion wegen des starken Verkehrs bei sportlichen Veranstaltungen erweitert, statt des einen Mittelbahnsteiges wurden nun zwei Bahnsteige mit drei Gleisen geschaffen.

Die Streckenverlängerungen Neanderstraße – Gesundbrunnen und Boddinstraße – Leinestraße

Bereits am 4. August 1929 war die südliche Verlängerung der Gesundbrunnen – Neuköllner U-Bahn, der Streckenabschnitt Boddinstraße – Leinestraße, dem Verkehr übergeben worden. Am 10. April 1930 folgte der nördliche Abschnitt Neanderstraße (heute Heinrich-Heine-Straße) – Gesundbrunnen, so daß drei Jahre nach der Eröffnung des ersten Teilabschnittes der Verkehr auf der 10,2 km langen Strecke Gesundbrunnen – Leinestraße möglich war.

Entgegen der ursprünglichen Planung, die auf dem Abschnitt Brunnenstraße – Bahnhof Gesundbrunnen eine Hochbahn vorsah, wurde die gesamte Strecke als Untergrundbahn ausgeführt. Der U-Bahnhof Gesundbrunnen erhielt direkte Übergänge zu den S- und Fernbahnsteigen. Die nur 19 m bzw. 16 m breite Rosenthaler- und Weinmeisterstraße bereiteten dem Tunnelbau einige Schwierigkeiten, benötigte doch der Tunnel im Bereich der U-Bahnhöfe Breiten von 12,7 bzw. 14,2 m. Zum Teil mußten die U-Bahn-Eingänge in die Häuserfronten gelegt werden.

In ihrem weiteren Verlauf sollte die Strecke ursprünglich nicht den Alexanderplatz kreuzen, sondern westlich vom Alexanderplatz durch die Neue Friedrichstraße (heute Littenstraße) führen. Noch während des Tunnelbaues wurde im Interesse einer besseren Übergangsmöglichkeit zur S-Bahn die Strecke über den Alexanderplatz und weiter neben der Stadtbahn bis zum S-

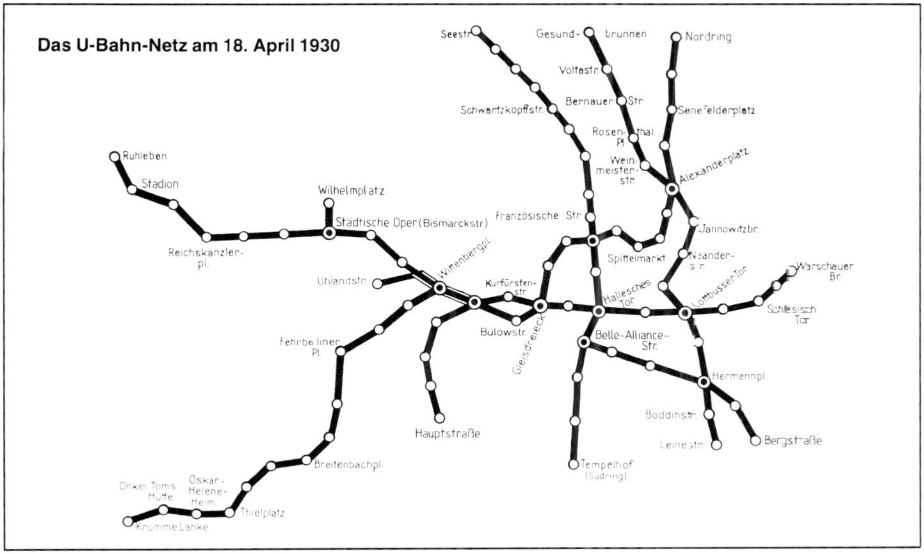

Bahnhof Jannowitzbrücke geführt; der bereits fertiggestellte Tunnel unter der Neuen Friedrichstraße wurde später als Verbindungstunnel zwischen der Gesundbrunnen – Neuköllner und der Friedrichsfelder Linie weiterverwendet.

Am U-Bahnhof Jannowitzbrücke kreuzt die U-Bahn-Trasse die Spree und führt im Verlauf der Brückenstraße zu dem bereits im April 1928 in Betrieb genommenen Bahnhof Neanderstraße (heute Heinrich-Heine-Straße).

Die Linie E Alexanderplatz – Friedrichsfelde

Am 21. Dezember 1930 konnte die 7,8 km lange U-Bahn-Strecke unter der Frankfurter Allee mit den zehn Bahnhöfen

Alexanderplatz (Übergang zu den Linien A und E sowie zur S-Bahn und Fernbahn)
Schillingstraße
Strausberger Platz
Memeler Straße (heute Marchlewskistraße)
Petersburger Straße (heute Frankfurter Tor)
Samariterstraße
Frankfurter Allee (Übergang zur S-Bahn)
Magdalenenstraße
Lichtenberg (Zentralfriedhof) (Übergang zur S-Bahn und Fernbahn) und
Friedrichsfelde

dem Verkehr übergeben werden.

Die Planung dieser Linie reicht bis in das Jahr 1908 zurück. Am Bahnhof Klosterstraße, der dementsprechend angelegt wurde (die rund 100 m langen Tunnelstümpfe der damals geplanten Frankfurter-Allee-Linie sind noch heute vorhanden), sollte sie von der Strecke Potsdamer Platz – Alexanderplatz – Nordring abzweigen, bis zur Königstraße (heute Rathausstraße) fortgeführt werden, in diese einbiegen und unter dem Alexanderplatz die Linie Potsdamer Platz – Nordring kreuzen. Für die Kreuzung mit dieser Linie ist 1910 auch der U-Bahnhof Alexanderplatz bereits zweigeschossig ausgebaut worden. Der Erste Weltkrieg und seine Folgen, Inflation und Geldknappheit, verhinderten die Ausführung. Mitte der zwanziger Jahre konnten die Pläne für eine U-Bahn unter der Frankfurter Allee in Richtung Friedrichsfelde wieder aufgegriffen wer-

Das U-Bahn-Netz am 21. Dezember 1930

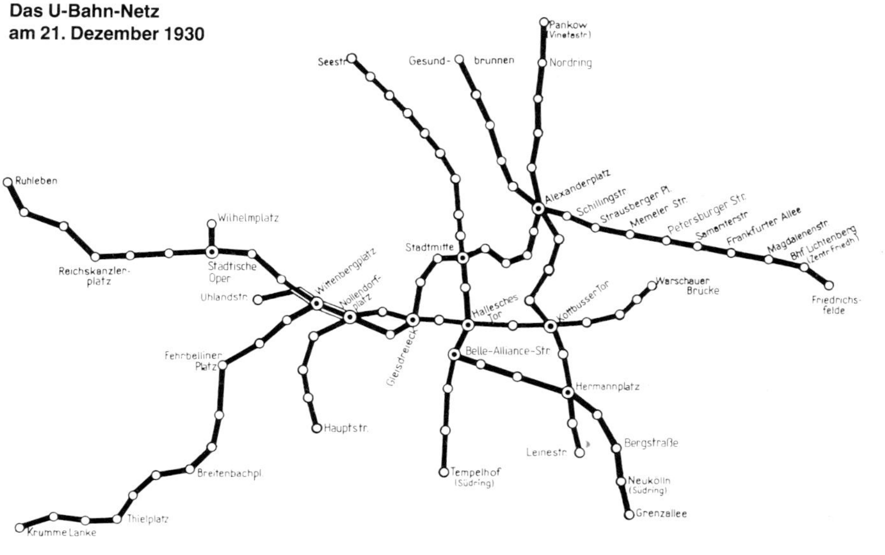

den. Da die Linie Potsdamer Platz – Nordring auf weite Sicht den Verkehr nach der Schönhauser Allee und nach Friedrichsfelde nicht würde bewältigen können, ist die Friedrichsfelder Linie verselbständigt und in Verbindung mit der bereits in Bau befindlichen Linie Gesundbrunnen – Alexanderplatz – Neukölln ebenfalls im Großprofil gebaut worden.

Zum gleichen Zeitpunkt war bereits der Bau einer weiteren Großprofil-U-Bahnlinie vom Alexanderplatz nach Weißensee geplant und mußte bei der Bauausführung mit berücksichtigt werden. So wurde der U-Bahnhof Alexanderplatz zu einem groß angelegten Kreuzungsbahnhof ausgebaut, welcher im Prinzip aus drei Ebenen besteht (Höhe jeweils ab Schienenoberkante gerechnet):

in einer Tiefe von 12,9 m die Linien nach Friedrichsfelde und Weißensee,
in einer Tiefe von 7,5 m die Linie Gesundbrunnen – Neukölln und
in einer Tiefe von 5,5 m die Linie Potsdamer Platz – Nordring.

Die Fundamente des Bahnhofes sind jedoch bis in eine Tiefe von 15,5 m gegründet; der Tunnel in Richtung Weißensee verläuft sogar bis zu 20 Meter unter der Straßenoberfläche. Für den Umsteigeverkehr sind die einzelnen Bahnsteige durch Treppen und Übergänge miteinander verbunden.

Für die Linien nach Friedrichsfelde und Weißensee wurden gemeinsame Richtungsbahnsteige errichtet; einer der beiden Richtungstunnel der geplanten Strecke nach Weißensee unterfährt den Tunnel der Friedrichsfelder Bahn. Beide Weißenseer Tunnel sind in jüngster Zeit durch Schildempfangskammern ergänzt worden, da der später angrenzende Abschnitt im Schildvortriebsverfahren gebaut werden soll, um im Bereich des Alexanderplatzes die Straßenoberfläche nicht mehr aufreißen zu müssen. Für den Bau der Friedrichsfelder Linie mußten die unter der Strecke Potsdamer Platz – Nordring im Jahre 1910 erstellten Fundamente zum Teil abgebrochen werden.

Im Bereich der Königstraße (heute Rathausstraße), westlich des Alexanderplatzes, waren auf einer Länge von 400 m umfangreiche Fundamentsicherungen erforderlich. In diesem Tunnelabschnitt, der fast bis zum Rathaus reicht, befindet sich gegenwärtig die viergleisige Abstell- und Kehranlage der Friedrichsfelder Linie (Linie E). Östlich des Alexanderplatzes wurden im Zusammenhang mit dem U-Bahn-Bau und der gleichzeitigen Umgestaltung der damaligen Straßenzüge Neue Königstraße, Landsberger Straße und Große Frankfurter Straße mehrere Häuserblocks abgerissen.

Die U-Bahn-Trasse folgt der Frankfurter Allee bis zum Bahnhof Lichtenberg und der Prinzenallee (heute Einbecker Straße) bis zum U-Bahnhof Friedrichsfelde.

Östlich dieses vorläufigen Endbahnhofes wurde 1930 in mehreren Bauabschnitten die Betriebswerkstatt Friedrichsfelde zur Unterhaltung der auf dieser Strecke eingesetzten Fahrzeuge errichtet, da die Betriebswerkstatt Seestraße, mit welcher über die Verbindungstunnel Alexanderplatz und Hermannplatz Schienenverbindung im gleichen Tunnelprofil besteht, an den Grenzen ihrer Kapazität angelangt war.

Von Anfang an war eine Verlängerung dieser Linie in Richtung Karlshorst vorgesehen.

Der U-Bahnhof Alexanderplatz, der Verbindungstunnel D/E

Die sich am Alexanderplatz kreuzenden und dort beginnenden U-Bahn-Linien sind durch zwei eingleisige Verbindungstunnel miteinander verbunden, um einen Fahrzeugaustausch zu ermöglichen. Der ältere der beiden Verbindungstunnel ist der zwischen der Friedrichsfelder und der Gesundbrunnen – Neuköllner Linie.

Die Gesundbrunnen – Neuköllner Linie sollte ursprünglich nicht den Alexanderplatz kreuzen, sondern ihren Bahnhof in der Neuen Friedrichstraße (heute Littenstraße) erhalten. 1927 wurde dieser U-Bahn-Tunnel gebaut. In letzter Minute wurde im Hinblick auf bessere Umsteigemöglichkeiten die Streckenführung so geändert, daß sie vom Bahnhof Jannowitzbrücke bis zum Alexanderplatz neben der Stadtbahn verläuft.

Für den Verbindungstunnel D/E ist der südlich vor dem U-Bahnhof Jannowitzbrücke abzweigende und im Verlauf der Littenstraße bestehende Tunnel in Richtung Rathausstraße verlängert worden und mündet in das südliche Gleis der Kehranlage der Friedrichsfelder Linie. Der für zwei Gleise ausgelegte Tunnel ist mit einem durchgehenden Gleis versehen; im Zuge der Littenstraße befindet sich daneben noch ein Abstellgleis. Ein Verbindungstunnel zur Linie A wurde 1952 erbaut.

Die Streckenverlängerung Nordring – Pankow

Am 29. Juni 1930 wurde im Norden Berlins die 1,2 km lange Strecke zwischen Nordring (heute Schönhauser Allee) und Pankow (Vinetastraße) in Betrieb genommen. Die Verlängerung schließt mit einer Rampe an den Hochbahnhof Nordring an und ist als U-Bahn unter der Schönhauser Allee/Berliner Straße bis zum Untergrundbahnhof Pankow ausgeführt.

Die Verlängerung Bergstraße – Grenzallee

Im April 1926 hatte die Nordsüdbahn Seestraße – Bergstraße (heute Karl-Marx-Straße) ihren vorläufigen Endpunkt in Neukölln erreicht. Die vom U-Bahnhof Bergstraße ausgehende weitere Verlängerung (1,5 km) mit den Bahnhöfen Neukölln (Südring) (Übergang zur S-Bahn) und Grenzallee wurde am 21. Dezember 1930 dem Verkehr übergeben. Im Zusammenhang mit der Kreuzung der Ringbahn bei gleichzeitiger Verbreiterung der Straßenunterführung mußte das Stationsgebäude des S-Bahnhofes Neukölln verlegt werden und erhielt einen direkten Zugang vom gleichnamigen U-Bahnhof. Südlich des Bahnhofes Grenzallee war auf städtischem Gelände an der Verzweigung Neuköllner Schiffahrtskanal/Teltowkanal die Anlage einer Betriebswerkstatt geplant, für deren Zufahrtsgleise die Tunnelbauwerke mit ausgeführt wurden.

Für 33 Jahre war Grenzallee Endpunkt in Richtung Südosten, ehe 1963, 1970 und 1972 weitere Streckenverlängerungen die U-Bahn von hier fast bis an die Stadtgrenze Berlins führten.

1930: Abschluß der zweiten Ausbaustufe

Während vor dem Ersten Weltkrieg mit den Strecken der Kleinprofillinien in der Hauptsache die Ost-West-Verbindungen der U-Bahn geschaffen wurden, entstanden in den zwanziger Jahren die Nord-Süd-Strecken, 1930 ergänzt durch die neue östliche Linie nach Friedrichsfelde.

Die beiden Nord-Süd-Strecken und die Friedrichsfelder Linie mit zusammen ca. 33 km Streckenlänge, ausschließlich im Tunnel und als sogenannte Großprofilstrecken für 2,65 m breite Wagen gebaut, sind von Anfang an so mit dem Kleinprofilnetz vermascht worden, daß beide Netze für den Fahrgast eine Einheit bilden. Dies ist in der Hauptsache wohl auch dem dauernden Wirken der Hochbahngesellschaft zu danken, die ja als Betriebsführerin aller überhaupt in Berlin bis dahin zur praktischen Ausführung gekommenen U-Bahn-Linien ein Interesse an der verkehrlich zweckmäßigsten und betrieblich vernünftigen Ausgestaltung haben mußte. Als ein Zeichen dafür, daß man bei den U-Bahn-Planungen richtig vorging, mag gelten, daß bis zur Teilung Berlins 1961 die ersten Hoch- und Untergrundbahnstrecken auch die verkehrsreichsten waren. Dazu zählt besonders die Linie A mit dem seit den zwanziger Jahren am stärksten belasteten Abschnitt aller Berliner U-Bahn-Strekken zwischen Gleisdreieck und Nollendorfplatz, die schon 1926 den Bau der Entlastungslinie Gleisdreieck – Kurfürstenstraße – Nollendorfplatz – Wittenbergplatz erforderte.

Im Jahre 1930 wurden folgende Linien betrieben:

Kleinprofillinien

A I	Pankow (Vinetastraße) – Ruhleben
A II	Pankow bzw. Alexanderplatz – Wittenbergplatz – Krumme Lanke
A III	Städtische Oper (Bismarckstraße) – Wilhelmplatz
B I	Warschauer Brücke – Nollendorfplatz – Hauptstraße
B II	Warschauer Brücke – Uhlandstraße

mit zusammen 43,369 km Betriebs-(Strecken-) Länge.

U-Bahn-Plan von 1936

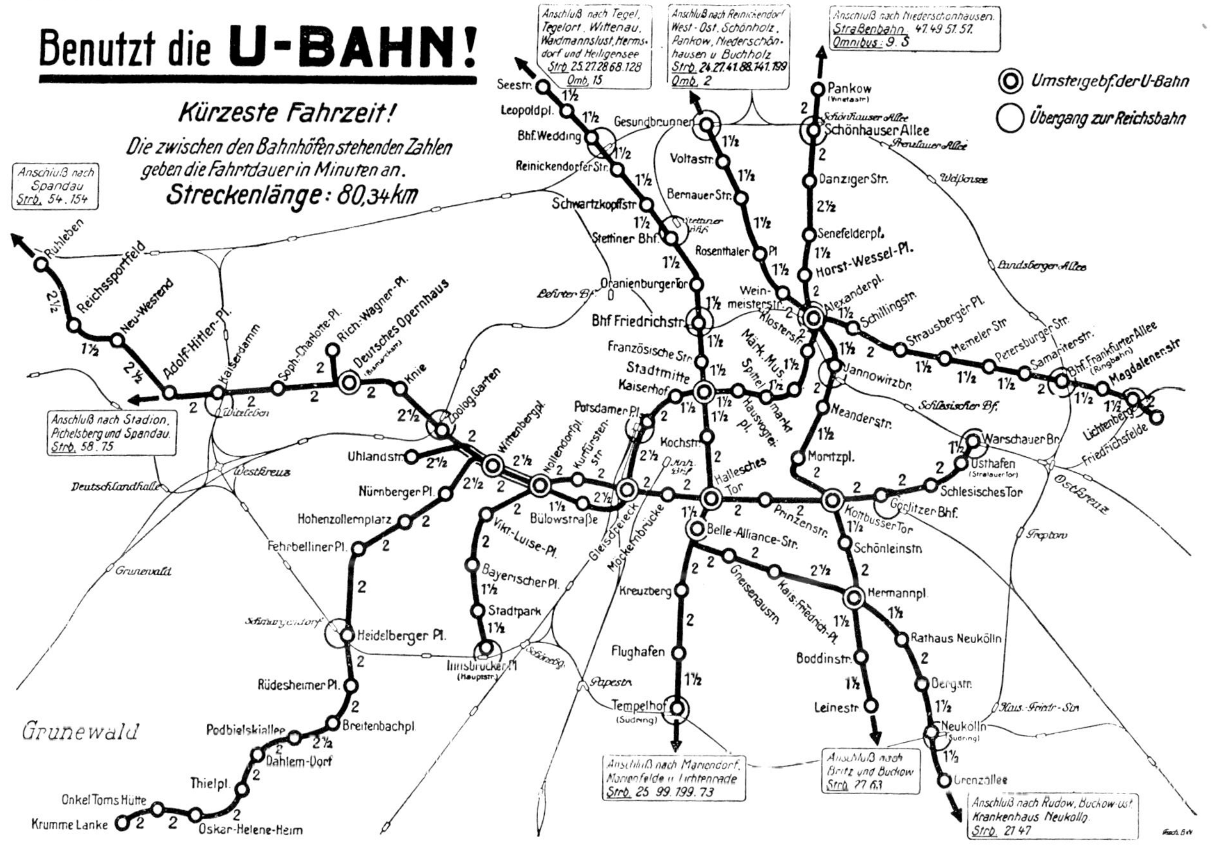

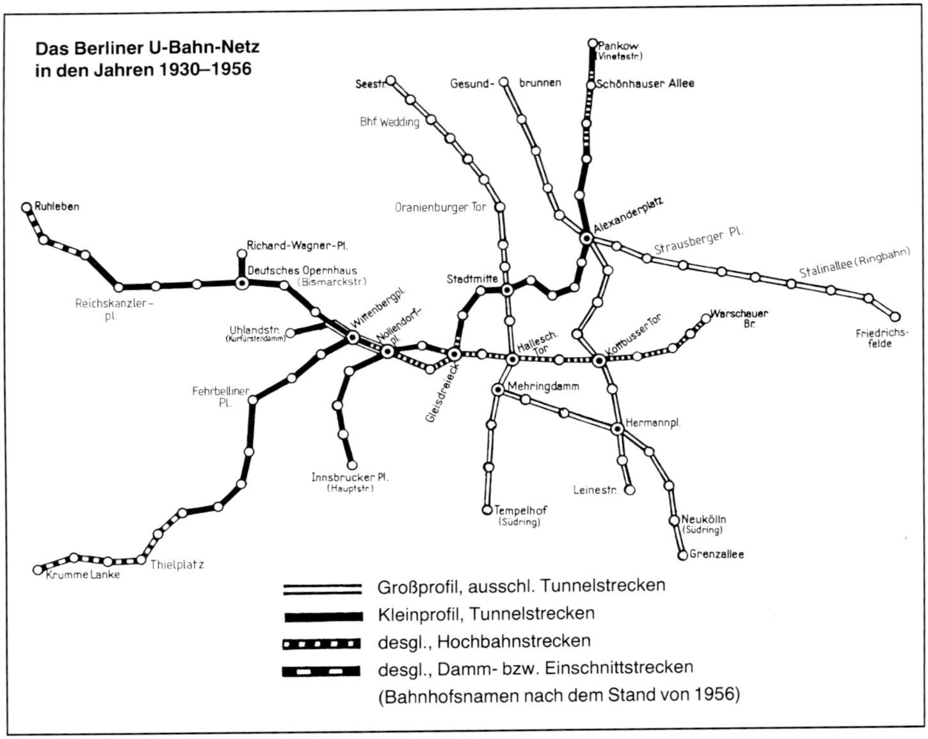

Großprofillinien

C I	Seestraße – Grenzallee
C II	Seestraße bzw. Stettiner Bahnhof – Belle-Alliance-Straße – Tempelhof (Südring)
D	Gesundbrunnen – Leinestaße
E	Alexanderplatz – Friedrichsfelde

mit zusammen 32,532 km Betriebs-(Strecken-) Länge.

Das gesamte U-Bahn-Netz hatte eine Betriebslänge von 75,901 km und eine Bauwerkslänge von 80,156 km.

Der Wagenpark setzte sich 1930 aus 781 Kleinprofilwagen, 235 Großprofilwagen mit 13 m Länge und 171 Großprofilwagen mit 18 m Länge zusammen.

Während mit der Betriebseröffnung 1902 eine 5-Minuten-Zugfolge begann, bei der allerdings verhältnismäßig kurze Züge gefahren wurden, ließen bereits 1930 die Bahnanlagen und Betriebseinrichtungen eine Zugfolge von 90 Sekunden zu, wobei auf den Kleinprofilstrecken bis zu 8-, auf den Großprofilstrecken bis zu 5- bzw. 6-Wagen-Züge gefahren wurden. Die Leistungsfähigkeit war damit bei 40 Zügen stündlich auf bis zu 40000 Personen pro Stunde und Richtung gesteigert worden. Die Durchführung dieser engen Zugfolge war ihrerseits nur möglich durch die Schaffung einer mustergültigen elektrischen Zugsicherung, bei deren Ausbau die Berliner U-Bahn wegweisend vorgegangen ist. Nach anfänglicher Verwendung einer handbedienten elektrischen Streckenblockung ging

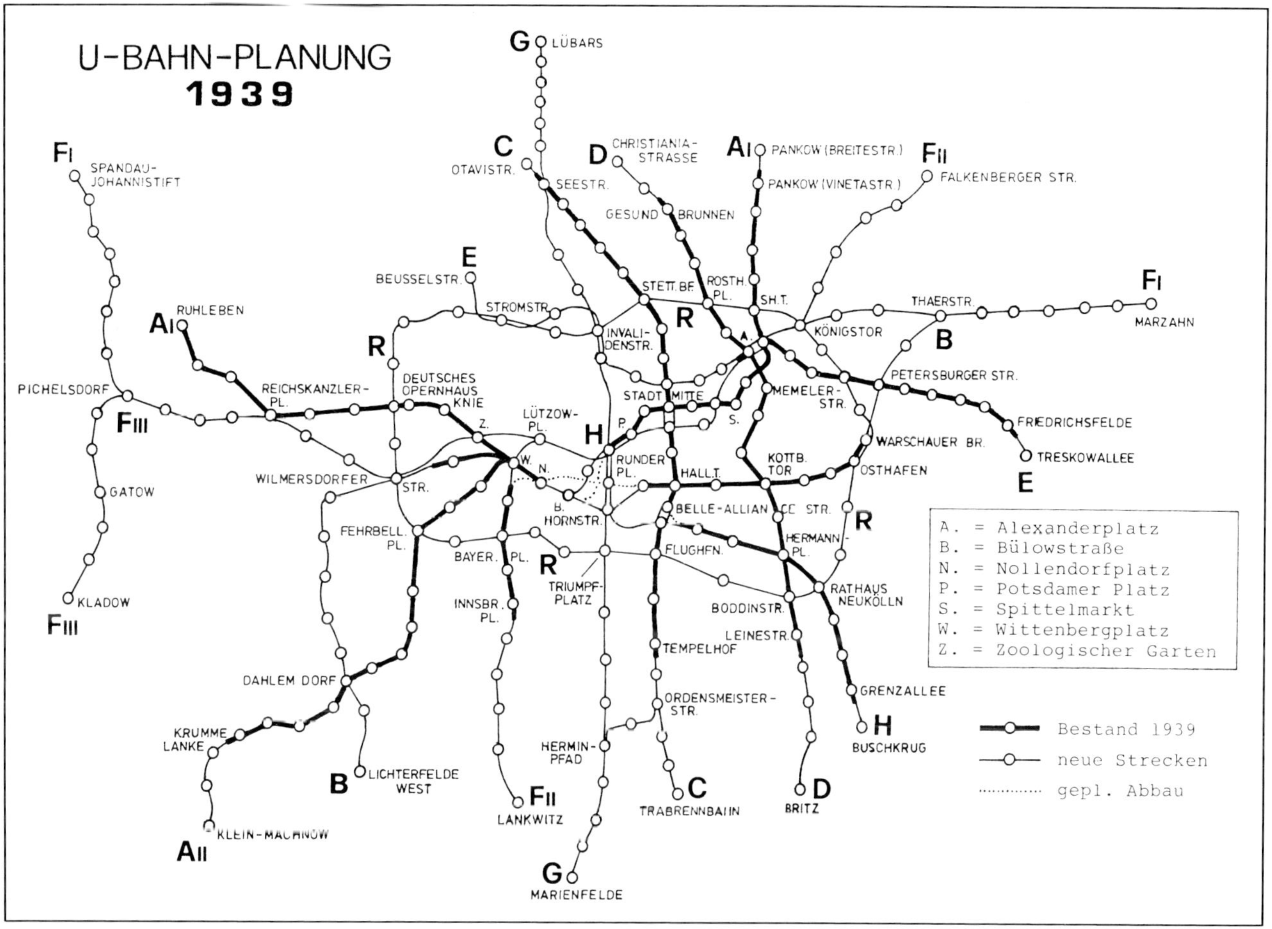
U-BAHN-PLANUNG
1939
A. = Alexanderplatz
B. = Bülowstraße
N. = Nollendorfplatz
P. = Potsdamer Platz
S. = Spittelmarkt
W. = Wittenbergplatz
Z. = Zoologischer Garten
Bestand 1939
neue Strecken
gepl. Abbau
LÜBARS
OTAVISTR.
SEESTR.
CHRISTIANIA-STRASSE
GESUND BRUNNEN
PANKOW (BREITESTR.)
PANKOW (VINETASTR.)
FALKENBERGER STR.
SPANDAU-JOHANNISTIFT
RUHLEBEN
BEUSSELSTR.
STROMSTR.
STETT. BF.
ROSTH. PL.
SH.T.
THAERSTR.
MARZAHN
KÖNIGSTOR
INVALIDENSTR.
PICHELSDORF
REICHSKANZLER-PL.
DEUTSCHES OPERNHAUS
KNIE
STADT MITTE
MEMELER-STR.
PETERSBURGER STR.
FRIEDRICHSFELDE
TRESKOWALLEE
LÜTZOW-PL.
WARSCHAUER BR.
RUNDER PL.
HALL.T.
KOTTB. TOR
OSTHAFEN
WILMERSDORFER STR.
GATOW
HORNSTR.
BELLE-ALLIANCE STR.
FEHRBELL. PL.
BAYER. PL.
TRIUMPF-PLATZ
FLUGHFN.
HERMANN-PL.
RATHAUS NEUKÖLLN
KLADOW
INNSBR. PL.
BODDINSTR.
LEINESTR.
TEMPELHOF
DAHLEM DORF
GRENZALLEE
ORDENSMEISTER-STR.
KRUMME LANKE
HERMIN-PFAD
BUSCHKRUG
LICHTERFELDE WEST
LANKWITZ
TRABRENNBAHN
BRITZ
KLEIN-MACHNOW
MARIENFELDE

Ein Blick in den 1952 gebauten Verbindungstunnel von der Kleinprofil-Strecke A zur Großprofil-Strecke E. Im Hintergrund ist das Ende der Stromschiene des Kleinprofils sichtbar, im Vordergrund befindet sich der stromschienenlose Abschnitt zum Umrüsten der Fahrzeuge

man schon 1913 erfolgreich zur selbsttätigen Streckenblockung über, bei der die Züge selbst die Bedienung der Signale und damit die Sicherung ihrer Fahrt übernehmen. Von der Signalstellung abhängige mechanische Fahrsperren verhindern dabei das unabsichtliche Überfahren von Signalen in der Haltestellung, wobei der Zug selbsttätig innerhalb der vorgesehenen Schutzstrecke zum Halten kommt.

Die alten Flügelsignale auf den Hochbahnstrecken wurden bis 1928 durch Tageslichtsignale ersetzt; damit ist die Signalform auf allen Berliner Hoch- und Untergrundbahnstrecken einheitlich gestaltet. Die Sicherungsanlage wird durch selbsttätige Stellwerke vervollständigt, bei denen Signalgebung und Weichenstellung in Abhängigkeit voneinander gebracht worden sind.

Mitte der dreißiger Jahre waren die Planungen für die „Reichshauptstadt Berlin" so weit gediehen, daß auch wieder neue bzw. Verlängerungen bestehender Schnellbahnlinien vorgesehen wurden. Im Sommer 1938 begannen dann Bauarbeiten in der Siegesallee (am Reichstag), in der Moltkestraße (nördlich vom Königsplatz, heute Platz der Republik), in Tempelhof (Tempelhofer Damm), unter der Mühlendammbrükke, im Kaiserdamm (heute Heerstraße), am Reichskanzlerplatz und in der Hermannstraße. Diese Bauarbeiten wurden allerdings größtenteils im Laufe des Jahres 1940 wieder eingestellt, die Baugruben sind nach 1945 teilweise zugeschüttet worden.

In der Zeit von 1930 bis 1953 wurde somit am Ausbau des U-Bahn-Netzes nicht gearbeitet. Die Ost-Berliner Verwaltung der BVG ließ im Jahre 1952 lediglich den 220 m langen Verbindungstunnel A/E am Alexanderplatz ausführen. Er verbindet den U-Bahnhof Klosterstraße mit dem Verbindungstunnel D/E und weist einen stromschienenlosen Abschnitt auf, in dem die zu überführenden Kleinprofilwagen wegen des anderen Stromschienensystems auf der Friedrichsfelder Linie umgerüstet werden.

Die U-Bahn im Jahre 1945

Durch Kriegseinwirkungen hatten die Bauwerksanlagen der U-Bahn schwer gelitten. Nicht allein die totale Zerstörung von Hoch- und Untergrundbahnstrecken durch direkte Bombentreffer, sondern auch die enormen Beschädigungen in den Tunnelstrecken durch eingedrungenes Wasser an Flußunterfahrungen legten den U-Bahn-Betrieb vollständig still.

Nach dem Stande vom 16. April 1945 wurden an den Bauwerken der Berliner U-Bahn 248 Schäden gezählt. Bis zur Kapitulation am 8. Mai 1945 kamen aus dem direkten Kampf um Berlin und durch Sprengungen noch 189 Schadensstellen hinzu. Von den unterirdischen Bahnstrecken war fast ein Drittel mit etwa 1 Million m^3 Wasser überflutet.

496 U-Bahn-Fahrzeuge wurden durch Kriegseinwirkungen in Mitleidenschaft gezogen, an 148 U-Bahn-Wagen entstand Totalschaden. Außerdem mußten 120 Großprofilwagen der Bauart C als Reparationsleistung an die Moskauer Metro abgegeben werden.

Sofort nach Kriegsende begann mit aller Kraft und den wenigen zur Verfügung stehenden Hilfsmitteln die Beseitigung der Schäden an der Hoch- und Untergrundbahn. Nach unglaublich kurzer Zeit, gemessen an dem Ausmaß der Schäden, konnte der U-Bahn-Verkehr am 14. Mai 1945 auf den Strecken Hermannplatz – Bergstraße und Schönleinstraße – Boddinstraße im Pendelbetrieb wieder aufgenommen werden. Ende des Jahres 1945 waren ca. 72 km von 80,2 km Bahnlänge des gesamten U-Bahn-Netzes wieder in Betrieb. Der Betriebsablauf war jedoch stark eingeschränkt, da zum Teil eingleisig und im Pendelbetrieb gefahren werden mußte.

Die lange Reihe der Wiederaufbauarbeiten im einzelnen aufzuzählen, würde zu weit führen. Zu

Die Hochbahn in der Bülowstraße nach einem Bombenangriff am 19. Juli 1944

Nach dem Abtransport der C-Wagen nach Moskau mußten für die Friedrichsfelder Linie Kleinprofilfahrzeuge quer durch Berlin von der Betriebswerkstatt Grunewald zur Betriebswerkstatt Friedrichsfelde transportiert werden. Das Bild zeigt einen A I-Beiwagen im Herbst 1945 auf dem Pariser Platz am Brandenburger Tor

den Schäden an der Strecke und ihren Anlagen traten die zerbombten Bahnhöfe. Ihre Wiederherstellung zog sich noch längere Zeit hin. Ein Bahnhof, der Hochbahnhof Osthafen (früher Stralauer Tor) wurde wegen seiner starken Zerstörungen völlig aufgegeben und abgebrochen. Die endgültige Beseitigung großer Kriegsschäden fand erst 1951 mit der Wiederherstellung der Eingangshalle des U-Bahnhofes Wittenbergplatz ihren Abschluß.

Abbildungen linke Seite:

Oben: Der Zweite Weltkrieg hatte unübersehbare Spuren an den Anlagen der Berliner Hoch- und Untergrundbahnstrecken hinterlassen. Durch einen Luftangriff gegen Kriegsende wurde die Hochbahnstrecke zwischen Potsdamer Straße und Motzstraße schwer beschädigt; Mitte April 1945 führte das dann zur Einstellung des Betriebes auf dieser Hochbahnstrecke. Das Bild zeigt den völlig zerstörten Hochbahnhof Nollendorfplatz im Mai 1945; ab November 1946 konnte die Hochbahnstrecke Gleisdreieck – Wittenbergplatz befahren werden, aber erst am 24. Mai 1947 hielten am Nollendorfplatz wieder die Züge

Unten: Die U-Bahn fährt wieder. Am 15. Juli 1945 wurde der Betrieb zwischen den Bahnhöfen Kurfürstenstraße und Nürnberger Platz wieder aufgenommen, anfangs allerdings nur eingleisig im Pendelbetrieb. Das Bild zeigt einen A I-Zug im zerstörten „Tunnel" in der Spichernstraße (südlich des U-Bahnhofes Nürnberger Platz); die Aufräumungsarbeiten haben begonnen, auch auf der Straße sind Trümmerfrauen bei der Arbeit. An dieser Stelle befindet sich heute der Bahnhof Spichernstraße der U-Bahn-Linie 2

Wiederaufnahme des U-Bahn-Baues: Die dritte Epoche

1953: Nach 23 Jahren weiterer Ausbau des U-Bahn-Netzes, Verlängerung der Nordsüdbahn im Norden: Seestraße – Tegel

Am 17. August 1953 beschloß der Senat von Berlin die Verlängerung der U-Bahn-Linie C nach Tegel. Den Anstoß dazu gab die Entwicklung und der Strukturwandel in diesem nördlichen Berliner Stadtteil. Durch diese U-Bahn-Strecke entstand für die mehr als eine halbe Million Einwohner der Bezirke Reinickendorf und Wedding eine wesentliche Verbesserung der Verkehrsverhältnisse.

Der erste Rammschlag leitete am 26. Oktober 1953 in der Müllerstraße die 3. Bauperiode im Berliner U-Bahn-Bau ein. Die insgesamt 6,7 km (Bauwerkslänge) lange Anschlußstrecke mit den acht Bahnhöfen

Rehberge
Afrikanische Straße
Kurt-Schumacher-Platz
Scharnweberstraße
Seidelstraße
Holzhauser Straße
Borsigwerke
Tegel

wurde von Seestraße bis Kurt-Schumacher-Platz als Tunnelstrecke, von Scharnweberstraße bis Holzhauser Straße als Dammbahn und von Borsigwerke bis Tegel wieder als Tunnelstrecke gebaut. Am 3. Mai 1956 konnte das erste rund 2,5 km lange Teilstück Seestraße – Kurt-Schumacher-Platz dem Verkehr übergeben werden. Der zweite 4,2 km lange Bauabschnitt Kurt-Schumacher-Platz – Tegel wurde am 31. Mai 1958 in Betrieb genommen. Das gesamte Berliner U-Bahn-Netz erreichte damit eine Betriebslänge von 82,558 km und eine Bauwerkslänge von 86,892 km.

Die U-Bahn-Linie Leopoldplatz – Spichernstraße

Der ständig wachsende Oberflächenverkehr in den dichtbesiedelten Wohngebieten in Wedding, Tiergarten, Charlottenburg und Wilmersdorf gab den Anstoß für den Bau dieser neuen U-Bahn-Strecke. Die U-Bahn-Trasse folgt ab Leopoldplatz der Luxemburger Straße, der Föhrer Straße, der Wilhelmshavener Straße parallel zur Putlitzstraße/Stromstraße und Lessingstraße. Sie unterquert das neu entstandene Hansaviertel, den bebauungsfreien Tiergarten und Zoologischen Garten und tritt am Bahnhof Zoologischer Garten in den Straßenzug Joachimstaler Straße/Bundesallee mit dem vorläufigen Endpunkt Spichernstraße ein. Verlängerungen dieser Linie nach Norden wie nach Süden waren von Anfang an geplant.

Die neue Linie (während der Bauzeit als Linie G bezeichnet, heute Linie U9) kreuzt an den vier Punkten Leopoldplatz, Zoologischer Garten, Kurfürstendamm und Spichernstraße bereits vorhandene U-Bahn-Linien. Die bestehenden Bahnhöfe Leopoldplatz und Zoologischer Garten wurden zu Umsteigeanlagen (Turmbahnhöfen) umgebaut, die Umsteigebahnhöfe Kurfürstendamm und Spichernstraße sind neu in das Liniennetz eingefügt worden. Ein Verbindungsgleis zwischen den beiden sich am Bahnhof Leopoldplatz kreuzenden Linien U6 und U9 ermöglicht eine Verbindung zwischen der Linie U9 und den U-Bahnwerkstätten Seestraße.

Der Bau des Umsteigebahnhofes Spichernstraße hatte zur Folge, daß der alte U-Bahnhof Nürnberger Platz der Linie A II aufgegeben werden mußte, da er ungünstig zum Kreuzungspunkt lag. Um den Bahnhofsabstand zu verkürzen, ist ein neuer Bahnhof Augsburger Straße auf der Linie A II (heute Linie U2) zwischen Wittenbergplatz und Spichernstraße gebaut worden.

Die Bauarbeiten an der 7,1 km langen Linie begannen am 23. Juni 1955. Nach etwa sechsjäh-

Beim Bau der von Wedding nach Steglitz führenden U-Bahn-Linie 9 mußte am Bahnhof Zoologischer Garten die bestehende Kleinprofilstrecke teilweise abgebrochen werden (Zustand 1958). Im Hintergrund ist eines der Wahrzeichen von Berlin, die Ruine der Kaiser-Wilhelm-Gedächtnis-Kirche auf dem Breitscheidplatz, zu erkennen

riger Bauzeit, am 28. August 1961, konnte die Strecke mit den Bahnhöfen

Leopoldplatz (Übergang zur Linie C, heute Linie U6)
Amrumer Straße
Putlitzstraße (Übergang zur S-Bahn)
Birkenstraße
Turmstraße
Hansaplatz
Zoologischer Garten (Übergang zur Linie A I [heute Linie U1], zur S-Bahn und Fernbahn)
Kurfürstendamm (Übergang zur Linie B II, heute Linie U3) und
Spichernstraße (Übergang zur Linie A II, heute Linie U2)

dem Verkehr übergeben werden.

Wie fast schon üblich beim Berliner U-Bahn-Bau waren auch bei dieser Strecke große bauliche Schwierigkeiten zu überwinden. Nördlich der Spree mußten drei Wohngebäude in der Essener Straße bzw. am Bundesratsufer unterfahren werden. Hinzu kam die Kreuzung mit drei Wasserstraßen: Der Spandauer Schiffahrtskanal zwischen Amrumer Straße und Putlitzstraße, die Spree zwischen Turmstraße und Hansaplatz sowie der Landwehrkanal zwischen Hansaplatz und Zoologischer Garten. Zeitweilig waren ganze Straßenzüge für längere Zeit eine einzige Baugrube, so daß der gesamte Oberflächenverkehr umgeleitet werden mußte.

Verlängerung der Nordsüdbahn im Süden: Grenzallee – Britz-Süd

Mit den Bauarbeiten dieser U-Bahn-Verlängerung ab Grenzallee in südlicher Richtung ist am 2. November 1959 begonnen worden. In einem

Versuchsweise ausgeführter schotter- und schwellenloser Oberbau am Bahnhof Parchimer Allee. Inzwischen ist dieser Oberbau wieder auf den üblichen Schotteroberbau mit Holzschwellen umgebaut worden

zweiten Bauabschnitt war bereits die Weiterführung dieser Linie über Britz-Süd hinaus nach Rudow geplant, da in diesem Bereich nach den Plänen des Architekten Prof. Walter Gropius ein Siedlungsprojekt für ca. 60000 Einwohner entstehen sollte. Zunächst galt es aber, die südlich des Bahnhofes Grenzallee liegenden Wohngebiete mit ca. 35000 Einwohnern an das U-Bahn-Netz anzuschließen. Darüber hinaus sollten die beiden in die Innenstadt führenden Hauptstraßenzüge Karl-Marx-Straße und Hermannstraße entlastet werden.

Der erste rund 2,9 km lange Bauabschnitt mit den Bahnhöfen

Blaschkoallee
Parchimer Allee und
Britz-Süd

ist am 28. September 1963 dem Verkehr übergeben worden. Alle Bahnhöfe erhielten Mittelbahnsteige mit einer Länge von 110 m.

Erwähnenswerte bauliche Besonderheiten ergaben sich nur südlich des Bahnhofes Grenzallee, da hier an der Buschkrugbrücke der Teltowkanal unterfahren werden mußte. Gleichzeitig ist dabei die nach Kriegszerstörung nur behelfsmäßig wieder hergestellte Brücke durch eine neue ersetzt worden. Der U-Bahn-Tunnel unterfährt dann eine Parkanlage und folgt später der Fritz-Reuter-Allee bis nach Britz-Süd. Anfangs war an eine Führung dieser Strecke von der Talberger Straße an bis in die Siedlung Britz-Buckow-Rudow (Gropiusstadt) als Einschnittbahn geplant. An der Talberger Straße war bereits der Tunnelmund fertiggestellt. Noch während der Bauarbeiten wurde der Plan geändert und die gesamte Strecke als Untergrundbahn ausgeführt.

Streckenverlängerung der Linie C II: Tempelhof – Alt-Mariendorf

Am 6. März 1961 ist mit dem seit langem geplanten Ausbau der U-Bahn-Linie C II in südlicher Richtung begonnen worden. Die U-Bahn-Trasse folgt dem wichtigen und verkehrsmäßig stark belasteten Hauptstraßenzug des Bezirks Tempelhof, dem Tempelhofer und dem Mariendorfer Damm, der die südlichen Stadtgebiete Mariendorf und Lichtenrade mit der Innenstadt verbindet.

Am 28. Februar 1966 wurde diese rund 3,5 km lange Strecke mit den Bahnhöfen

Alt-Tempelhof
Kaiserin-Augusta-Straße
Ullsteinstraße
Westphalweg und
Alt-Mariendorf

dem Verkehr übergeben. Der Endbahnhof Alt-Mariendorf gewann besondere Bedeutung als Umsteigepunkt U-Bahn/Autobus. Von hier aus verkehren mehrere Buslinien in Berlins südliche Randgebiete.

Als interessantestes Bauwerk dieser Strecke ist die Brücke über den Teltowkanal zu nennen. Der U-Bahn-Tunnel und ein Teil des Bahnhofes Ullsteinstraße liegen hier im Bereich der Brücke innerhalb deren Konstruktion. Für die beiden Fahrtrichtungen des Straßenverkehrs sind zwei getrennte Brückenbauwerke erstellt worden. Hierbei wurde die östliche so ausgebildet, daß innerhalb des tragenden Hohlkörpers unter der Fahrbahnplatte der U-Bahnhof Platz fand. Etwa ⅓ des Bahnhofes Ullsteinstraße befindet sich in diesem Bauwerk. Um die für die Schiffahrt erforderliche Durchfahrtshöhe von 4,60 m zu erhalten, mußte die Straßengradiente um ca. 1,20 m angehoben werden.

Die Teilstrecke Mehringdamm – Möckernbrücke, der Umbau des Bahnhofes Mehringdamm

Gleichzeitig mit der Verlängerung der Linie C II vom Bahnhof Tempelhof bis Alt-Mariendorf änderte sich die Konzeption der Nordsüdbahn. Diese Verbindung, die sich bisher auf dem Bahnhof Mehringdamm (früher Belle-Alliance-Straße) gabelte, wurde in zwei eigenständige Linien aufgelöst. Dabei bildete der nördliche Teil Tegel – Mehringdamm zusammen mit dem Zweig vom Bahnhof Mehringdamm bis zum Endpunkt Alt-Mariendorf eine neue Linie, die die Nummer 6 erhielt. Der andere Zweig von Mehringdamm nach Britz-Süd wurde ebenfalls in eine eigenständige Linie umgewandelt und ist mit der Nummer 7 bezeichnet worden. Sie ist dann in westlicher Richtung in fünf Abschnitten über den Bahnhof Mehringdamm hinaus bis nach Spandau verlängert worden. Dabei entstand die Forderung nach einem direkten Anschluß an die Linie 1. Als Anschlußpunkt bot sich der bestehende Hochbahnhof Möckernbrücke an. Die Linie 1 verläuft in diesem Bereich als Hochbahnstrecke neben dem Landwehrkanal in unmittelbarer Nähe des nördlichen Ufers. Der Anschluß der Linie 7 konnte als Tunnelstrecke an das südliche Kanalufer herangeführt werden.

Der Bahnhof Möckernbrücke der Linie 7 liegt in 1½facher Tiefenlage und hat einen Mittelbahnsteig. Untergrund- und Hochbahnhof sind durch eine Fußgängerbrücke über den Landwehrkanal verbunden, die gleichzeitig die Verteilerfunktionen der verschiedenen Verkehrsströme übernimmt. So ist ein Umsteigebahnhof zwischen den Linien 1 und 7 mit reinem Linienverkehr entstanden, und es kann die wichtige Ostwestverbindung (Linie U 1), die mitten durch die heutige City von West-Berlin führt, aus dem Raum Neukölln durch einmaliges Umsteigen erreicht werden.

Der alte Bahnhof Mehringdamm war mit seiner dreigleisigen Anlage ein klassischer Trennungsbahnhof und mußte so den neuen Verkehrsverhältnissen angepaßt werden, daß eine echte Nordsüdverbindung Tegel – Alt-Mariendorf (Linie 6) und eine Querverbindung Britz-Süd – Möckernbrücke (Linie 7) entstand. Die bestehende Bahnhofs- und Gleisanlage war für den durchgehenden Verkehr zweier Linien nicht geeignet. Um einen reibungslosen Umsteigeverkehr zu schaffen, wurde der Bahnhof zu einem viergleisigen Kreuzungsbahnhof mit Richtungsverkehr umgebaut.

Beide Anlagen, die Verlängerungsstrecke Mehringdamm – Möckernbrücke sowie der umgebaute Bahnhof Mehringdamm wurden am 28. Februar 1966 dem Verkehr übergeben.

1966: Umstellung der Linienbezeichnungen von Buchstaben auf Zahlen

Am 1. März 1966 wurden in West-Berlin die Linienbezeichnungen der U-Bahn-Verbindungen von Buchstaben auf Zahlen umgestellt. Die Linien erhielten folgende Nummern:

Linie 1 (Warschauer Brücke –) Schlesisches Tor – Gleisdreieck – Kurfürstenstraße – Ruhleben

U-Bahn-Gleisplan Stand 1. 5. 1985 (BVG-Gleisplan)

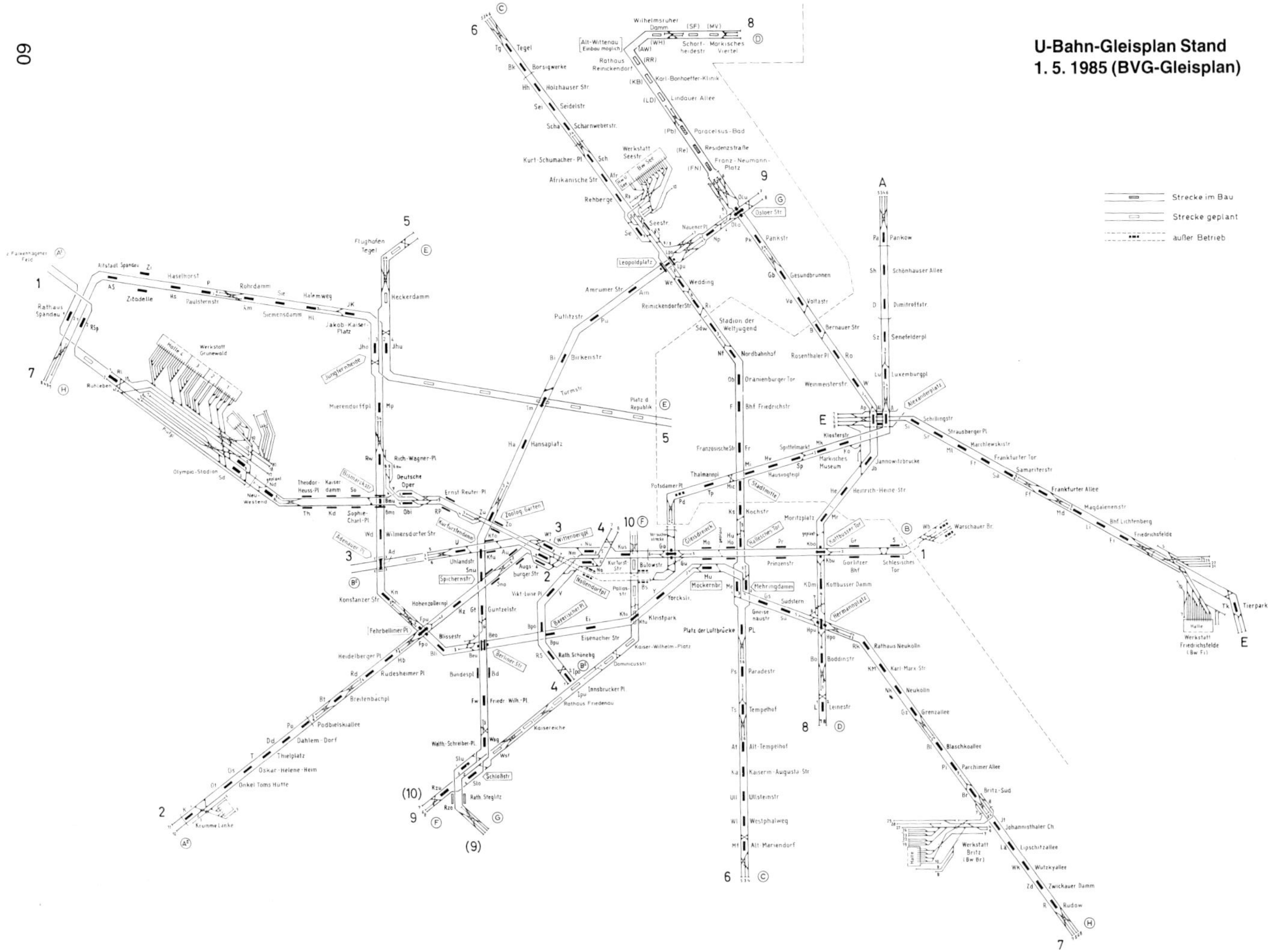

Linie 2 (Pankow –) Gleisdreieck – Bülowstr. – Wittenbergpl. – Krumme Lanke
Linie 3 Wittenbergplatz – Uhlandstraße
Linie 4 Nollendorfplatz – Innsbrucker Platz
Linie 5 Deutsche Oper – Richard-Wagner-Platz
Linie 6 Tegel – Alt-Mariendorf
Linie 7 Möckernbrücke – Britz-Süd
Linie 8 Gesundbrunnen – Leinestraße
Linie 9 Leopoldplatz – Spichernstraße.

Die Linie 5 (früher A III) wurde wegen der Verlängerung der Linie 7 über den Fehrbelliner Platz hinaus am 2. Mai 1970 stillgelegt. Die Liniennummer 5 bleibt frei für die Verlängerung der U-Bahn-Linie E in Ost-Berlin, die im Westen quer durch Moabit in Richtung Jungfernheide bis zum Flughafen Tegel fortgesetzt werden soll.

Mit Übernahme des S-Bahn-Betriebes durch die BVG im Januar 1984 wurden die Linienbezeichnungen der neuen Situation angepaßt. Die S-Bahn-Linien werden mit S1, S2 und S3 bezeichnet, seit Mitte 1984 die U-Bahn-Linien entsprechend mit U1 – U4 und U6 – U9. Zunächst werden diese Bezeichnungen nur in den Netzplänen und Fahrplänen angewandt, im Laufe der kommenden Jahre sollen diese Linienbezeichnungen aber auch an den U-Bahn-Fahrzeugen, den Zugzielanzeigern und auf Umsteigehinweisen in den Bahnhöfen angebracht werden.

Am 1. Januar 1972 wurde auf der seit August 1961 politisch bedingt zwischen Gleisdreieck und Potsdamer Platz unterbrochenen Linie 2 aus wirtschaftlichen Gründen das Teilstück Wittenbergplatz – Bülowstraße – Gleisdreieck stillgelegt, so daß die von Krumme Lanke kommenden Züge auf dem U-Bahnhof Wittenbergplatz enden. Dieses Teilstück wird jedoch trotz gegenwärtig anderer Nutzung der Hochbahnhöfe Nollendorfplatz und Bülowstraße betriebsfähig gehalten, um gegebenenfalls kurzfristig den durchgehenden Zugverkehr zwischen beiden Teilen der Stadt wieder aufnehmen zu können.

U-Bahn-Liniennetz am 1. März 1966 (BVG-Netzspinne)

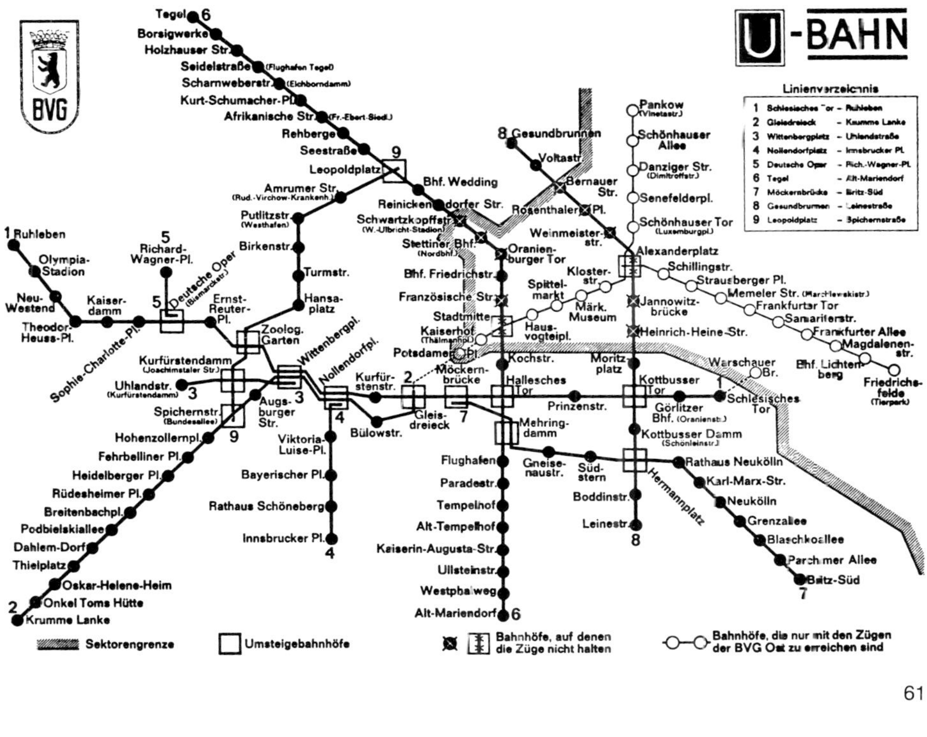

Teilweise sind in einigen U-Bahnhöfen noch ältere Stationsschilder zu finden. Das gezeigte Schild auf dem Bahnsteig des Einschnittbahnhofs Podbielskiallee wurde leider in den siebziger Jahren durch eine moderne Ausführung ersetzt (Aufnahme vom März 1970)

Südliche Verlängerung der Linie 7: Britz-Süd – Rudow

Die besondere Bedeutung der südlichen Verlängerung der Linie 7 ist darin zu sehen, daß den Einwohnern der neuen Großsiedlung Berlin-Buckow-Rudow (Gropiusstadt) noch vor Fertigstellung der endgültigen Gesamtanlage ein modernes, leistungsfähiges und schnelles Nahverkehrsmittel in unmittelbarer Nähe zur Verfügung stand.

Der Grundstein zu dieser gigantischen Wohnanlage im Süden Berlins wurde Ende 1962 gelegt. Maßgeblichen Anteil an dieser Großsiedlung hatte neben anderen namhaften Architekten Prof. Walter Gropius. Auf einer bis dahin vorwiegend landwirtschaftlich genutzten 260 ha großen Fläche entstand für 60 000 Einwohner neuer Wohnraum sowie die notwendigen Folgeeinrichtungen wie Schulen, Kindertagesstätten, Sport- und Spielanlagen, Einkaufszentren und Altenheime.

Die 3,4 km lange Streckenerweiterung Britz-Süd – Zwickauer Damm mit den Bahnhöfen

Johannisthaler Chaussee
Lipschitzallee
Wutzkyallee und
Zwickauer Damm

Genormte Beschilderung für größere Umsteigebahnhöfe. Diese standardisierte Form führte die BVG ab 1983 ein

ist am 2. Januar 1970, der letzte, 1,1 km lange Streckenabschnitt von Zwickauer Damm bis zum Endbahnhof Rudow am 1. Juli 1972 dem Verkehr übergeben worden. Durch diese Erweiterung hatte das Berliner U-Bahn-Netz eine Gesamtlänge von rund 106 km erreicht.

Die Bauarbeiten zu dieser Streckenverlängerung konnten ohne größere Schwierigkeiten durchgeführt werden, da die U-Bahn durch eine freigehaltene Trasse der Großsiedlung geführt wurde. Der Verlauf der Strecke sowie die Lage der Bahnhöfe waren durch die bauliche Gesamtgestaltung dieses neuen Stadtteiles bestimmt.

Verlängerung der U-Bahn-Linie 7 bis Fehrbelliner Platz

Am 29. Januar 1971 erhielt das Berliner U-Bahn-Netz mit der Inbetriebnahme zweier neuer Streckenabschnitte mit zusammen 8,7 km Länge und elf Bahnhöfen den seit 1956/58 längsten und bedeutendsten Zuwachs, mit dem das Gesamtnetz eine Länge von 114,697 km erreichte.

Der eine Streckenabschnitt ist die Verlängerung der Linie 7 vom Bahnhof Möckernbrücke zum Bahnhof Fehrbelliner Platz. Der Abschnitt hat eine Länge von 5,3 km und die Bahnhöfe

Yorckstraße (Übergang zur S-Bahn)
Kleistpark
Eisenacher Straße
Bayerischer Platz (Übergang zur Linie 4)
Berliner Straße (Übergang zur Linie 9)
Blissestraße und
Fehrbelliner Platz (Übergang zur Linie 2).

Die bereits vorhandenen Bahnhöfe Bayerischer Platz und Fehrbelliner Platz werden von der neuen Strecke unterfahren und sind entsprechend umgebaut worden. Der mittlere Stationsabstand beträgt 760 m.

Die neue Strecke bildet die Fortsetzung des 1966 eröffneten rund 1 km langen Streckenabschnittes vom Bahnhof Mehringdamm zum Bahnhof Möckernbrücke und verbindet unmittelbar die Bezirke Neukölln und Kreuzberg mit den Bezirken Schöneberg und Wilmersdorf. Sie durchquert, wie auch die Linie 1, das jede verkehrliche Entwicklung hemmende ausgedehnte Eisenbahnareal am Anhalter und Potsdamer Güterbahnhof.

Der gesamte Abschnitt ist als Tunnel ausgeführt, der nahezu überall in für Berlin typischen grundwasserführenden Sandschichten des Berliner Urstromtales in 1½- bis 2½facher Tiefenlage und damit 10 bis 15 m unter Geländeoberkante liegt. Der kleinste Gleisbogenhalbmesser beträgt 180 m, die stärkste Längsneigung 30‰.

Wegen des schwierigen Untergrundes zwischen der U-Bahn-Trasse und dem mehrgleisigen aufgeschütteten Bahnkörper der Wannseebahn wurde der Tunnel der Linie U7 unter dem S-Bahnhof Großgörschenstraße erstmals beim Berliner U-Bahn-Bau bergmännisch im Schildvortrieb in zwei getrennten, 286 m langen Röhren aufgefahren, die eine S-Kurve mit Radien von 215 m und 300 m beschreiben und eine Neigung von 3,3‰ aufweisen. Die Überschüttung im Bahnbereich beträgt rund 7,5 m.

Die Verlängerung der dritten Nord-Süd-Linie bis Steglitz

Der zweite Streckenabschnitt setzt das 1955 begonnene Bauvorhaben der Schaffung einer dritten Nordsüd-U-Bahn-Verbindung, deren erster Abschnitt Bahnhof Leopoldplatz bis Bahnhof Spichernstraße am 28. August 1961 in Betrieb genommen wurde, fort. Die Verlängerung folgt vom Bahnhof Spichernstraße ausgehend in südlicher Richtung durchweg dem Straßenzug der Bundesallee mit den neuen Bahnhöfen

Güntzelstraße
Berliner Straße (Übergang zur Linie 7)
Bundesplatz
Friedrich-Wilhelm-Platz und
Walther-Schreiber-Platz,

dem vorläufigen Endpunkt der Linie 9.

Die Länge dieses neuen Abschnittes beträgt 3,5 km. Beim Bahnhof Berliner Straße, der den Kreuzungspunkt mit der Linie 7 bildet, ist ein besonderes Verbindungsgleis zwischen beiden Strecken vorhanden, um für Betriebsfahrten einen Übergang zwischen den Linien U7 und U9 zu ermöglichen.

Am Bahnhof Berliner Straße wie am sich südlich anschließenden Bahnhof Bundesplatz wird die Strecke in zwei eingleisige Tunnel aufgespalten, um für je einen im Zuge der Bundesallee zusammen mit der U-Bahn gebauten Straßentunnel Raum zu schaffen. Weiter südlich kreuzt die Strecke den Südring der S-Bahn und die parallel hierzu verlaufende Stadtautobahn und erreicht am Walther-Schreiber-Platz den Straßenzug Schloßstraße/Rheinstraße. Der mittlere Bahnhofsabstand beträgt 705 m. Auch dieser gesamte neue Streckenabschnitt liegt unter der Straßenoberfläche in 1½ facher Tiefenlage in grundwasserführenden Sandschichten. Der kleinste Gleisbogenhalbmesser beträgt 350 m, die stärkste Längsneigung 33,3‰.

Bauschwierigkeiten ergaben sich auf der Linie 9 zwischen den Bahnhöfen Berliner Straße und Bundesplatz. Die Strecke durchquert dort das Wilmersdorfer Fenn, eine ungefähr 150 m breite eiszeitliche Rinne, die im Westen Berlins als offene Seenkette erkennbar wird. Das Bett dieser Rinne erreicht eine größte Tiefe von 30 m, während die Tunnelsohle auf 11 m unter Straßenoberfläche gelegt wurde. Es erfolgte eine Senkkastengründung mit Drucklufthaltung. Der Tunnel führt auf einer Gesamtlänge von 166 m in einer Art unterirdischen Brücke auf drei Pfeilern über die Senke hinweg. Sowohl der Tunnel als auch die Pfeiler wurden als Druckluft-Senkkästen niedergebracht. Dies Verfahren auf Senkkästen stellt eine neuartige Lösung dar.

Alle Bahnhöfe erhielten Mittelbahnsteige mit Ausnahme der Bahnhöfe Berliner Straße und Bundesplatz, wo wegen der Lage der Straßentunnel zwischen den beiden Richtungsgleisen Seitenbahnsteige gewählt werden mußten, wobei es sich bei Berliner Straße eigentlich um durch einen vom Straßentunnel unterbrochenen Mittelbahnsteig handelt.

Verlängerung der Linie E bis Tierpark

Am 25. Juni 1973 wurde nach einer Bauzeit von beinahe 4 Jahren die 1,2 km lange Verlängerungsstrecke der Linie E von Friedrichsfelde zum Bahnhof Tierpark in Betrieb genommen.

Schon beim Bau des Bahnhofes Friedrichsfelde und der anschließenden Rampe zum oberirdischen Betriebsbahnhof in den Jahren 1929/1930 wurde eine spätere Weiterführung der Strecke vorgesehen. Beiderseits der Rampe lagen die künftigen Streckengleise in einem Tunnelstumpf, der unter dem Kopf des Betriebsbahnhofs endete.

Die Verlängerung schließt an diesen Tunnelstumpf an, unterquert die Rampengleise mit der anschließenden Weichenzone des Bahnhofskopfes und verläuft dann am Rande des Betriebsbahnhofs bis kurz vor die Straße am Tierpark, wo sie in Parallellage zur Straße einschwenkt. Hier liegt der Bahnhof Tierpark, an den eine dreigleisige Kehranlage anschließt. Bei einer späteren Streckenverlängerung sollen die äußeren Gleise fortgesetzt werden.

Diese Streckenverlängerung ist, abgesehen vom kurzen, nur Betriebszwecken dienenden Verbindungstunnel A/E am Alexanderplatz, die erste und bisher einzige Erweiterung der U-Bahn in Ost-Berlin seit 1945.

Der weitere Ausbau der Linie 9 im Süden

Am 30. September 1974 erfolgte die Betriebsaufnahme auf dem 1,6 km langen Steglitzer Streckenabschnitt, der südlichen Verlängerung der Linie 9, mit den Bahnhöfen Schloßstraße und Rathaus Steglitz. Der Tunnel folgt südlich des Bahnhofes Walther-Schreiber-Platz dem Straßenzug der Schloßstraße und ist hier einschließlich des Bahnhofes Schloßstraße zweigeschossig mit je zwei Gleisen im Richtungsbetrieb (oben in Richtung Nord, unten in Richtung Süd) ausgeführt, um später auch die U-Bahn-Linie 10 (Lichterfelde – Rathaus Steglitz – Hauptstraße – Potsdamer Straße – Alexanderplatz – Weißensee) aufzunehmen. Der Endbahnhof der Linie 9 am Rathaus Steglitz und die zugehörigen Kehrgleise befinden sich derzeit im Tunnel der geplanten Linie 10, die endgültigen Aufstellgleise der Linie 9 unter den Bahnanlagen des S-Bahnhofes Steglitz werden erst im Zuge des weiteren Ausbaues nach Lankwitz/Marienfelde ausgeführt. Über dem U-Bahnhof Rathaus

Steglitz befindet sich ebenerdig ein großzügig ausgeführter Autobusbahnhof sowie ein bequemer Übergang zum S-Bahnhof Steglitz.

Die Linie 9 erreicht den Bahnhof Osloer Straße

Ihren vorläufigen Endpunkt im Norden Berlins erreichte die Linie 9 am 30. April 1976. Um weitere 1,5 km U-Bahn-Tunnel sowie die beiden Bahnhöfe Nauener Platz und Osloer Straße – gleichzeitig der 100. Bahnhof im U-Bahn-Netz im Westteil der Stadt – vergrößerte sich damit das Berliner U-Bahn-Netz, und die 1953 begonnene Linie 9 weist nun 12,5 km Betriebslänge mit 18 Bahnhöfen auf.

Der neue Streckenabschnitt schließt an die Aufstellanlage des U-Bahnhofes Leopoldplatz an. Nördlich des Bahnhofes Nauener Platz zweigt in Mittellage ein Überführungsgleis zu der zu diesem Zeitpunkt noch in Ausführung befindlichen nördlichen Verlängerung der Linie 8 ab, welches kurz vor dem unterirdischen Turmbahnhof Osloer Straße das nach Steglitz führende Richtungsgleis 1 der Linie 9 unterfährt und in die Aufstellanlage der Linie 8 einmündet. In dem Turmbahnhof Osloer Straße liegt der Mittelbahnsteig der Linie 9 über dem der Linie 8. Für die Linie 9 schließt sich an den Bahnhof Osloer Straße eine Aufstellanlage für 24 U-Bahn-Wagen an.

Nördliche Verlängerung der Linie 8 bis Osloer Straße

Anderthalb Jahre nach Fertigstellung der nördlichen Verlängerung der Linie 9 vom Leopoldplatz bis zur Osloer Straße konnte am 5. Oktober 1977 auch das erste, 1,4 km lange Erweiterungsstück der Linie 8 von Gesundbrunnen bis zum Verknüpfungspunkt Osloer Straße dem Betrieb übergeben werden. Die Bedeutung dieses Streckenteiles liegt vor allem in dem Anschluß der dichtbesiedelten Straßenzüge Badstraße/ Schwedenstraße mit dem Zwischenbahnhof Pankstraße an die Berliner City, die über den Umsteigebahnhof Osloer Straße mit der Linie 9 erreicht wird.

Eine Verlängerung um rund 9 km bis in das Märkische Viertel soll Ende der neunziger Jahre vollendet werden. Mitte 1985 waren bereits 5 km im Bau.

Der weitere Ausbau der Linie 7 bis Richard-Wagner-Platz

Mit der Inbetriebnahme des Abschnittes Fehrbelliner Platz – Richard-Wagner-Platz kam die U-Bahn-Linie 7 ihrem Endziel, einmal quer durch Berlin, von Rudow im Südosten bis Spandau im Nordwesten zu führen und damit zur längsten U-Bahn-Strecke Berlins zu werden, ein großes Stück näher. Am 28. April 1978 ist das 3,1 km lange Streckenstück mit den Bahnhöfen

Konstanzer Straße
Adenauerplatz
Wilmersdorfer Straße
Bismarckstraße (Übergang zur Linie U1)
Richard-Wagner-Platz

in Betrieb genommen worden.

Das Streckenstück folgt dem Straßenzug Brandenburgische Straße/Wilmersdorfer Straße, wobei letztere gleichzeitig in eine Fußgängerzone umgewandelt wurde. Die U-Bahn-Linie 1 wird an der Straßenkreuzung Wilmersdorfer Straße/Bismarckstraße unterfahren, dabei entstand der Umsteigebahnhof Bismarckstraße, auch für die Linie 1 ein neuer Bahnhof. Von hier aus unterfährt die Strecke in einem im Schildvortrieb gebauten Tunnel einen Häuserblock, um in die Richard-Wagner-Straße einzuschwenken und den völlig neu gebauten U-Bahnhof Richard-Wagner-Platz zu erreichen. Vom 14. Mai 1906 bis zum 2. Mai 1970 befand sich hier die Endstation der U-Bahn-Stichlinie vom Bahnhof Deutsche Oper. Beim Bahnhof Richard-Wagner-Platz ist unter Verwendung des alten Tunnels eine Gleisverbindung zwischen Klein- und Großprofilstrekken geschaffen worden.

Mit der U-Bahn nach Siemensstadt

Am 1. Oktober 1980 wurde ein weiterer, 4,9 km langer Abschnitt der Linie 7 eröffnet, mit diesem

Streckenabschnitt wurde auch der Verwaltungsbezirk Spandau an das U-Bahn-Netz angeschlossen.

Die Strecke schließt an den im April 1978 eröffneten Streckenabschnitt am Bahnhof Richard-Wagner-Platz an und verläuft zunächst in nördlicher Richtung im Zuge der Sömmeringstraße bis zum Mierendorffplatz. Von hier aus verläuft sie in nordwestlicher Richtung, ohne den Straßenführungen zu folgen bis zum Jakob-Kaiser-Platz, wo in westliche Richtung eingeschwenkt wird. Hinter dem Bahnhof Halemweg mündet die Strecke in den Popitzweg und führt weiter in die Nonnendammallee.

An dieser Strecke liegen die Bahnhöfe

Mierendorffplatz
Jungfernheide (Übergang zur S-Bahn)
Jakob-Kaiser-Platz
Halemweg
Siemensdamm und
Rohrdamm.

Der Bahnhof Jungfernheide wurde zweigeschossig, ähnlich wie der Bahnhof Schloßstraße der Linie 9 gebaut, hier ist eine Umsteigemöglichkeit zu der für später geplanten Linie 5 entstanden. Zwischen den Bahnhöfen Jungfernheide und Jakob-Kaiser-Platz wird der Westhafenkanal unterfahren.

Die Linie 7 erreicht Spandau

Vier Jahre später, am 1. Oktober 1984, wurde auch das Zentrum des Bezirkes Spandau mit der Altstadt und den Industriegebieten an der Nonnendammallee und an der Straße Am Juliusturm an das „Berliner" U-Bahn-Netz angeschlossen. Die fünf neuen Bahnhöfe

Paulsternstraße
Haselhorst
Zitadelle
Altstadt Spandau und
Rathaus Spandau

wurden mit einem großen einwöchigen U-Bahn-Fest in Spandaus Altstadt eingeweiht, die teilweise zur Fußgängerzone umgestaltet worden war. Die Linie U7, die nun von Rudow im Süden Berlins bis nach Spandau reicht, hat eine Linienlänge von 31,8 km, das Tunnelbauwerk selbst ist nun 32,8 km lang,es wird von den Zügen in 55 Minuten durchfahren. Damit ist sie die längste U-Bahn-Strecke Berlins und die längste unterirdische Bahnanlage in Deutschland. 40 Bahnhöfe weist die Linie U7 auf; außer zur Linie U3 kann zu allen anderen U-Bahn- und S-Bahn-Linien umgestiegen werden.

Auch die Baugeschichte dieses letzten Teilstükkes ist interessant. Das rund 280 m lange Baulos der Havelunterfahrung südlich der Juliusturmbrücke war eines der schwierigsten Bauabschnitte im Berliner U-Bahn-Netz. Neben einigen „normalen" Senkkästen, die auf dem Land unter die Erdoberfläche abgesenkt wurden, sind hier als Senkkästen vorgefertigte Tunnelstücke außerhalb der Trasse hergestellt, über Spree und Havel schwimmend bis zur Einbaustelle geschleppt und dann bis in die 30 m tiefen Schlammschichten unter der Sohle der Havel abgesenkt worden. Erstmals wurden in Berlin auf diesem letzten Streckenabschnitt auch Bahnhöfe in der Senkkasten-Bauweise (U-Bf. Altstadt Spandau), in der Sohle-Wand-Bauweise (Schlitzwand-Bauweise, U-Bf. Zitadelle und Haselhorst) und in der Deckel-Bauweise (U-Bf. Rathaus Spandau) erstellt. Bedingt durch derart viele Sonderbauweisen verschlang das 4,7 km lange neue Streckenstück 680 Millionen DM an Baukosten, davon wurden allein 45 Millionen DM für den Innenausbau der fünf neuen U-Bahnhöfe aufgewendet.

Eine weitere geplante Verlängerung der U7 um etwa vier Kilometer bis an eine Großsiedlung zwischen Heerstraße und Staaken wird wohl noch einige Jahrzehnte auf sich warten lassen.

1984: Ergebnis der dritten Ausbaustufe

Um knapp 50 km auf 121,281 km Betriebslänge ist in den vergangenen drei Jahrzehnten das U-Bahn-Netz in Berlin angewachsen, nachdem in den vorangegangenen 23 Jahren seit 1930, nicht zuletzt bedingt durch die Zeitereignisse, jeder weitere Ausbau unterblieb. Die Zahl der Bahnhöfe in Berlin erhöhte sich um 59 auf 151,

Die letzte Verlängerung einer U-Bahn-Linie erfolgte am 1. Oktober 1984. Die Linie U7 wurde bis zum Rathaus Spandau verlängert. Das obere Bild zeigt die eine Hälfte der großen Bahnsteighalle mit einem der beiden Mittelbahnsteige. Die Linie U7 benutzt die mittleren Gleise; die beiden äußeren Gleisträge sind für eine spätere Linie vorgesehen. Auf dem unteren Bild ist ein Seitenbahnsteig des U-Bahnhofes Zitadelle zu sehen, der nahe dem gleichnamigen Festungsbauwerk aus dem 16. Jahrhundert angelegt wurde

Eröffnungsdaten der Berliner U-Bahn-Strecken

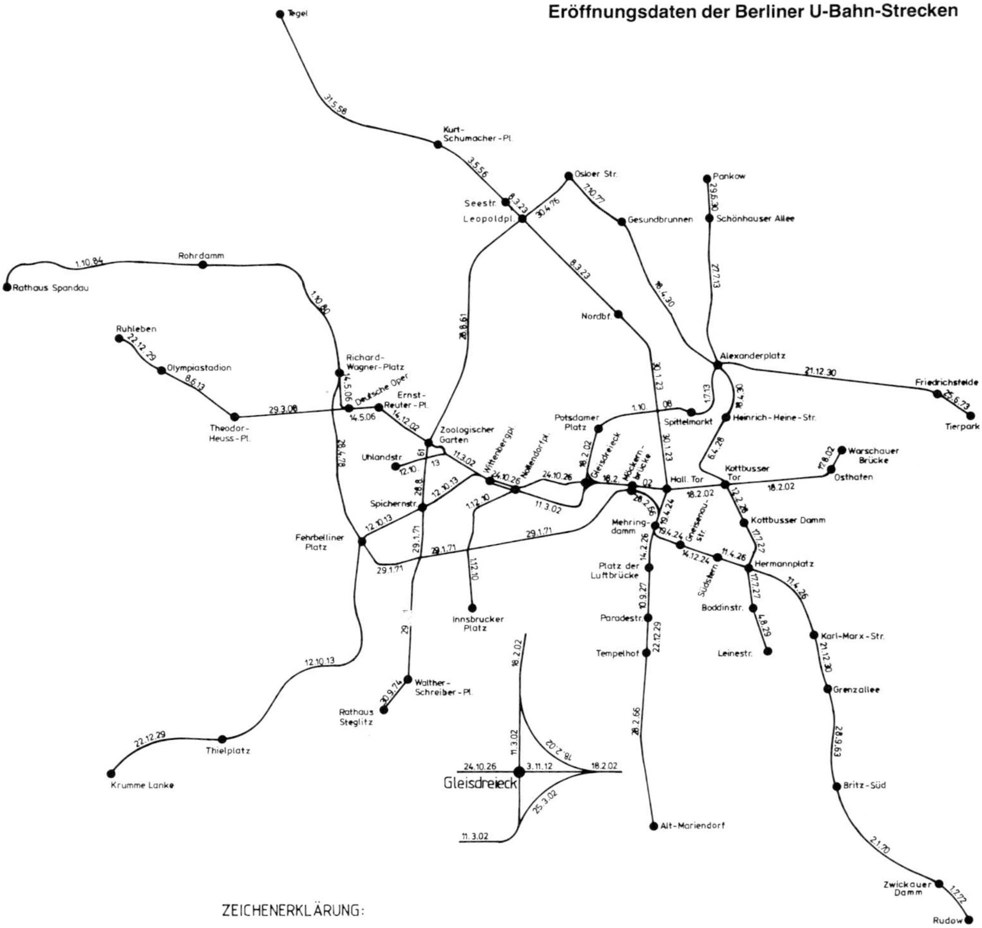

ZEICHENERKLÄRUNG:

18.2.02 eröffneter Streckenabschnitt

Anmerkung: dargestellt sind nur die Bahnhöfe am Anfang und am Ende eines eröffneten Streckenabschnittes, dazwischen liegende Bahnhöfe nicht. Die heutigen Bahnhofsnamen sind genannt.

davon 28 Umsteigebahnhöfe. Weitere elf Bahnhöfe und ein Umsteigebahnhof sind zur Zeit außer Betrieb. Die 12,523 km lange Nord-Süd-Linie U9 Wedding – Steglitz, die mitten durch die heutige City von West-Berlin führt, ist nach dem Zweiten Weltkrieg vollkommen neu erbaut worden; auch fast neu ist die nach den Umbau des U-Bahnhofes Mehringdamm aus dem Streckenstück Mehringdamm – Grenzallee der früheren Nord-Süd-Linie C hervorgegangene neue Radial-Linie U7 Rudow – Charlottenburg – Spandau mit 31,760 km Linienlänge. Bei der Verlängerung der U6 nach Norden und Süden (Tegel und Alt-Mariendorf) wurde die Vorkriegsplanung fast unverändert weitergeführt. Alle neu eröffneten Linienabschnitte trugen bereits kurz nach ihrer Inbetriebnahme zu einer spürbaren Entlastung des Oberflächenverkehrs bei und sind von den als überaus kritisch bekannten Berlinern – oft über die Erwartungen hinaus – positiv angenommen worden.

Seit Oktober 1984 werden folglende U-Bahn-Linien betrieben:

Kleinprofillinien im Westteil der Stadt

U1 Schlesisches Tor – Ruhleben (Linienlänge 15,101 km)
U2 Wittenbergplatz – Krumme Lanke (Linienlänge 11,114 km)
U3 Wittenbergplatz – Uhlandstraße (Linienlänge 1,195 km)
U4 Nollendorfplatz – Innsbrucker Platz (Linienlänge 2,864 km)

Kleinprofillinie im Ostteil der Stadt

A Pankow (Vinetastraße) – Thälmannplatz (Linienlänge 7,492 km)

Großprofillinien im Westteil der Stadt

U6 Tegel – Alt-Mariendorf (Linienlänge 19,888 km; incl. Transitstrecke durch Ost-Berlin)
U7 Rathaus Spandau – Rudow (Linienlänge 31,760 km)
U8 Osloer Straße – Leinestraße (Linienlänge 11,060 km, incl. Transitstrecke durch Ost-Berlin)
U9 Osloer Straße – Rathaus Steglitz (Linienlänge 12,523 km)

Großprofillinie im Ostteil der Stadt

E Alexanderplatz – Tierpark (Linienlänge 8,284 km)

Außerdem sind 4,911 km Strecke stillgelegt, dazu gehört die Hochbahnstrecke Wittenbergplatz – Nollendorfplatz – Bülowstraße – Gleisdreieck, sowie die am 13. August 1961 eingestellten Streckenabschnitte Gleisdreieck – Thälmannplatz und Schlesisches Tor – Warschauer Brücke.

Der weitere Ausbau des Berliner U-Bahn-Netzes

Die Grundlage des U-Bahn-Baues in Berlin in den vergangenen drei Jahrzehnten ist der aus dem Jahre 1955 stammende sogenannte 200-km-Plan, der in der letztgültigen Fassung vom Januar 1977 im Endausbau etwa 200 km Streckenlänge vorsieht. In diesem Plan sind eine Vielzahl älterer Entwürfe – speziell aus den späten zwanziger Jahren – berücksichtigt

Bei der Aufstellung dieser 200-km-Planung in den fünfziger Jahren waren auch Verwaltungsstellen in Ost-Berlin beteiligt, so daß im Großen und Ganzen die Planung den Erfordernissen einer ungeteilten Stadt entspricht. Durch die Siedlungspolitik der Nachkriegszeit in West- und Ost-Berlin, die den Bau völlig neuer Trabantenstädte vorsah, mußten im Nachhinein allerdings einige Korrekturen an dieser Planung vorgenommen werden.

Auch das S-Bahn-Netz wurde damals in der Planung berücksichtigt, bedingt durch den Mauerbau am 13. August 1961 und den anschließenden Boykott der S-Bahn in West-Berlin bestand

Für die Bauwerkslänge und die Betriebslänge der U-Bahn in Berlin ergeben sich folgende Werte (Stand: 1. Januar 1985):

a) Bauwerkslänge	
Großprofil Gesamt-Berlin	89,640 km
Kleinprofil Gesamt-Berlin	45,424 km
Gesamt-Berlin zusammen	135,064 km
Großprofil West-Berlin	72,665 km
Großprofil Ost-Berlin	16,975 km
Kleinprofil West-Berlin	36,256 km
Kleinprofil Ost-Berlin	9,168 km
West-Berlin insgesamt	108,921 km
Ost-Berlin insgesamt	26,143 km
b) Betriebslänge	
West-Berlin*)	97,584 km
Ost-Berlin	23,697 km
Gesamt-Berlin	121,281 km
dazu stillgelegte Strecken	4,911 km
(über die Sektorengrenze führende Strecken, sowie Wittenbergplatz – Gleisdreieck über Bülowstraße)	
c) Linienlänge	
von der BVG befahrene U-Bahn-Linien (1–4, 6–9)	105,505 km
davon Transitstrecken durch Ost-Berlin (6, 8)	7,921 km
von der BVB befahrene U-Bahn-Linien (A, E)	15,776 km

*) ohne Transitstrecken durch Ost-Berlin 7,921 km

bis Frühjahr 1984 von seiten des Berliner Senats keine Möglichkeit, das S-Bahn-Netz entsprechend den geänderten Wohn- und Arbeitsbedingungen anzupassen. Erst die am 9. Januar 1984 erfolgte Übernahme der Betriebsrechte für die S-Bahn in West-Berlin von der Deutschen Reichsbahn in die Regie der BVG gab den Stadt- und Verkehrsplanern des Berliner Senats die Möglichkeit, künftig auch das S-Bahn-Netz entsprechend den Erfordernissen des ÖPNV in West-Berlin eine tragende Rolle gleichwertig mit der U-Bahn zuzuweisen.

Im Sommer 1984 wurde vom Senat ein Konzept für den ÖPNV in West-Berlin vorgelegt, das zwar in bezug auf die Planung von neuen U- und S-Bahn-Strecken keine neuen Ideen, aber zumindest eine neue Rangfolge für den Ausbau des U- und S-Bahn-Netzes brachte. Der weitere Ausbau des West-Berliner U-Bahn-Netzes ist danach auch weiterhin vorgesehen, wobei allerdings eine zeitliche Streckung der Termine – soweit überhaupt angegeben – zu verzeichnen ist. Für die einzelnen U-Bahn-Linien in West- und Ost-Berlin sieht der 200-km-Plan unter Berücksichtigung des neuesten ÖPNV-Konzeptes folgende Endzustände vor:

Linie 1: (Warschauer Brücke –) Schlesisches Tor – Ruhleben

Bis in die siebziger Jahre sollte Ruhleben der westliche Endpunkt dieser Linie sein; diese Konzeption wurde zugunsten eines günstigeren Anschlusses von Teilen Spandaus aufgegeben. Inzwischen ist eine Verlängerung über den U-Bf. Rathaus Spandau bis in das Neubaugebiet Spandau, Falkenhagener Feld vorgesehen. Am östlichen Ende der Linie 1 war eine Verlängerung bis zur Kreuzung mit der Ost-Berliner Linie E in der Frankfurter Allee vorgesehen, neuere Planunterlagen Ost-Berlins zeigen diesen Abschnitt nicht mehr.

Linie A: Pankow – Thälmannplatz (– Potsdamer Platz) und
Linie 2: (Gleisdreieck –) Wittenbergplatz – Krumme Lanke

Laut 200-km-Plan ist am nördlichen Ende eine Verlängerung um zwei Stationen bis zum Schnittpunkt mit der ebenfalls zu verlängernden Linie 9 geplant. Nach Plänen aus Ost-Berlin ist eine noch weitergehende Verlängerung bis Nordend vorgesehen. Am südlichen Ende ist der Anschluß der S-Bahn am S-Bf. Lindenthaler Allee herzustellen und der Vorort Düppel anzuschließen.

Linie 3: Wittenbergplatz – Uhlandstraße

Nach dem vorliegenden 200-km-Plan ist eine Weiterführung in westlicher Richtung im Zuge des Kurfürstendammes bis zum Adenauerplatz, dann über den Holtzendorfplatz, Neue Kantstraße, Ausstellungshallen/Messedamm bis zum Theodor-Heuss-Platz projektiert. Eine weitere Verlängerung über die Heerstraße bis nach Pichelsdorf, Spandau und Hakenfelde steht gegenwärtig nicht mehr zur Diskussion.

Linie 4: Nollendorfplatz – Innsbrucker Platz

Eine Verlängerung dieser kurzen Linie ist nicht vorgesehen; eine südliche Verlängerung durch den Autobahnbau auch kaum mehr möglich. Am nördlichen Streckenende wurden Überlegungen über eine Verbindungskurve vom U-Bahnhof Viktoria-Luise-Platz zur U-Bahn-Linie 3 am Wittenbergplatz durchgeführt.

Linie E: Alexanderplatz – Tierpark

In westlichen Planunterlagen wird diese Linie E als „Linie 5" geführt. nach dem 200-km-Plan war eine südöstliche Verlängerung nach Oberschöneweide vorgesehen. Die Siedlungspolitik Ost-Berlins erfordert jetzt aber andere Prioritäten, nach neuesten Planungen soll die Linie E mittels einer Kurve oberirdisch über teilweise noch vorhandene ältere Eisenbahntrassen über Biesdorf (Kreuzung mit der S-Bahn) bis nach Hönow verlängert werden. Die Bauarbeiten haben 1985 begonnen.

An ihrem westlichen Ende (Alexanderplatz) soll die Linie E nach Unterlagen der BVB den U-Bahnhof Französische Straße (Linie 6) in der alten Berliner Innenstadt (Bezirk Mitte) erreichen. Nach Planungen des Senats in West-Berlin soll diese Linie (5) über den Platz der Republik am Reichstag, Moabit, den vorhandenen und für die Linienkreuzung vorbereiteten U-Bahnhof Jungfernheide zum Flughafen Tegel geführt werden.

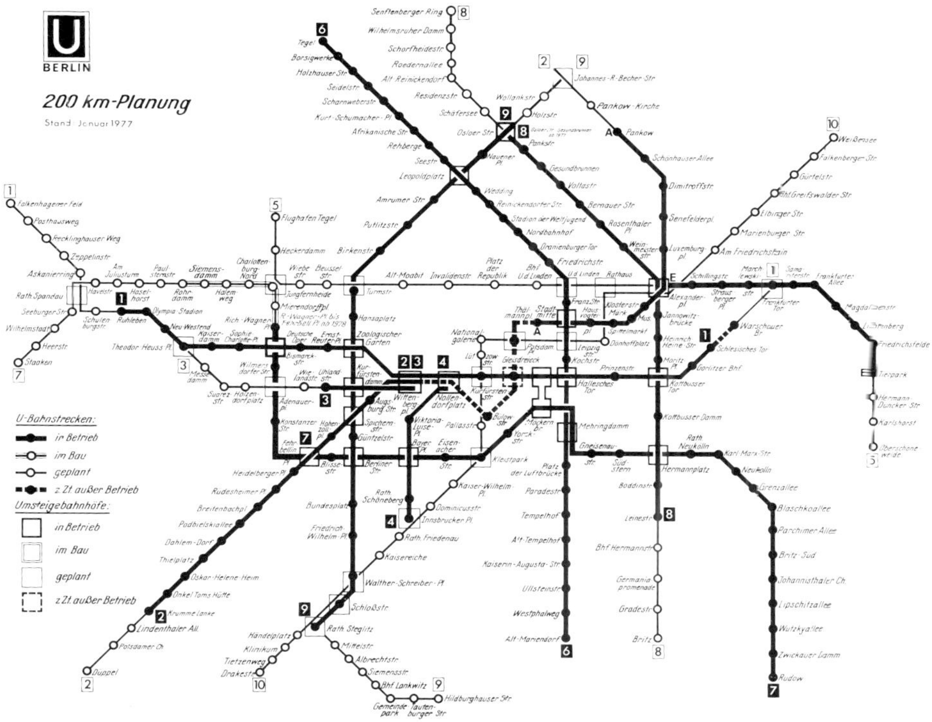

Der 200-km-Plan, ohne die geänderten Pläne in Ost-Berlin

Linie 6: Tegel – Alt-Mariendorf

Diese Linie hat ihren geplanten Endzustand erreicht.

Linie 7: Rathaus Spandau – Rudow

Am südlichen Ende könnte ohne Schwierigkeiten eine Verlängerung zum Flughafen Berlin-Schönefeld gebaut werden. An ihrem westlichen Ende ist nach dem 200 km-Plan eine Verlängerung bis nach Staaken/Heerstraße vorgesehen.

Linie 8: Osloer Straße – Leinestraße

Am südlichen Ende ist zunächst eine Verlängerung bis zur Kreuzung mit der Ringbahn (S-Bahnhof Hermannstraße) und dann eine weitere Verlängerung bis nach Britz vorgesehen.

Am nördlichen Ende soll die Linie 8 bis in das Neubaugebiet Märkisches Viertel verlängert werden. Bis 1987 sollen die U-Bahnhöfe Franz-Neumann-Platz/Am Schäfersee, Residenzstraße und Paracelsusbad fertiggestellt sein. Im Jahre 1984 begannen Bauarbeiten für die weitere Verlängerung dieser Linie zunächst bis zur Kreuzung mit der S-Bahn-Strecke am Bahnhof Wittenau (Nordbahn). Hier sollen bis 1992 die Bahnhöfe Lindauer Allee, Karl-Bonhoeffer-Klinik, Rathaus Reinickendorf und Wilhelmsruher Damm gebaut werden. Zur Erschließung des Märkischen Viertels fehlen dann noch etwa 2,5 km U-Bahn-Strecke mit den geplanten Bahnhöfen (Arbeitstitel) Schorfheidestraße, Märkisches Zentrum und Senftenberger Ring. Über eine Realisierung dieses vorerst letzten Bauabschnittes noch in diesem Jahrhundert ist noch keine Entscheidung gefallen.

Linie 9: Osloer Straße – Rathaus Steglitz

Nördlich soll diese Linie bis zur Kreuzung mit der Linie A in Pankow/Ost-Berlin, im Süden über Lankwitz bis Marienfelde, Hildburghauser Straße verlängert werden.

Linie: Lichterfelde – Weißensee

Bis auf zwei Richtungsbahnsteige und zwei Tunnelstücke am U-Bahnhof Alexanderplatz, die Bahnhöfe Rathaus Steglitz und Schloßstraße sowie den Streckentunnel Rathaus Steglitz – Schloßstraße – Walter-Schreiber-Platz, und die beiden unteren Bahnsteige der vorhandenen U-Bahnhöfe Kleistpark und Innsbrucker Platz ist diese in der Literatur als „Linie 10“ und auch als „Linie F“ bezeichnete U-Bahn-Linie zur Zeit noch nicht vorhanden. Sie soll von Malchow über Weißensee, den Alexanderplatz, die Potsdamer Straße und die Hauptstraße, sowie über Steglitz nach Lichterfelde, Drakestraße führen. Nach der Übernahme der S-Bahn in Regie der BVG ist an einen Baubeginn für diese Linie gegenwärtig nicht mehr zu denken, die größtenteils parallel verlaufende seit Frühjahr 1985 wieder in Betrieb befindliche S-Bahn-Linie S1 (Wannseebahn) befriedigt vollauf den Bedarf in der Relation Kreuzberg – Steglitz.

Die Planungen des Kombinats VEB Berliner Verkehrsbetriebe (BVB) sahen über den 200 km-Plan hinaus folgende Erweiterungen vor:

Linie: Innenstadt (Ost-Berlin) – Springpfuhl/Marzahn

Von einem Endpunkt am Ostbahnhof oder am U-Bahnhof Oranienburger Tor sollte eine Linie über den S-Bahnhof Leninallee, über Lichtenberg-Nordost bis nach Springpfuhl (S-Bahnhof) und Marzahn (Neubaugebiet) geführt werden. Auf dieser Trasse ist inzwischen eine neue Schnellstraßenbahnstrecke entstanden.

Linie: S-Bahnhof Leninallee – Hohenschönhausen

Diese war als Zweiglinie der Linie Innenstadt – Marzahn vorgesehen, um die Industriegebiete und Neubausiedlungen in Hohenschönhausen zu erschließen. Auch auf dieser Strecke ist inzwischen eine leistungsfähige Straßenbahnstrecke aufgebaut worden.

Linie: Tierpark – Weißensee

Diese U-Bahn-Tangentialstrecke Tierpark – Lichtenberg – Hohenschönhausen – Weißensee wurde im Jahre 1985 ebenfalls durch eine fast völlig neuerbaute Straßenbahnstrecke abgedeckt.

Realisierung der Planungen

Erwähnt wurden bereits die Bauarbeiten und die Pläne zur ca. 9 km langen Verlängerung der Linie 8 in das Märkische Viertel. Nach Fertigstellung dieser Strecke zumindest bis zur Kreuzung mit der S-Bahn am Bahnhof Wittenau (Nordbahn) wird aller Voraussicht nach die 3 km lange Verlängerung der Linie 9 von Rathaus Steglitz bis Lankwitz, Kirche mit den fünf U-Bahnhöfen (Arbeitstitel) Albrechtstraße, Stadtpark Steglitz, Halskestraße, Lankwitz (Anschluß zur S-Bahn) und Lankwitz, Kirche in Angriff genommen. Ein Zeitplan ist hierfür allerdings noch nicht aufgestellt worden. Bei der gegenwärtigen Finanzlage ist mit der Eröffnung der letztgenannten Strecke voraussichtlich erst um die Jahrtausendwende zu rechnen.

Das neue Nahverkehrskonzept des Berliner Senats vom Sommer 1984 hat neben den beiden genannten Verlängerungsstrecken in der längerfristigen Planung noch die Schließung von „Netzlücken“ zwischen U- und S-Bahn-Netz vorgesehen. Hierunter fallen folgende kurze Streckenteile:

Linie 2: Krumme Lanke – S-Bf. Lindenthaler Allee (ca. 1 km)

Linie 3: Uhlandstraße – Adenauerplatz. Außerdem der Bau der erwähnten Verbindungskurve zur Zusammenfassung der Linien 3 und 4 zu einer gemeinsamen U-Bahn-Linie (zusammen ca. 2 km).

Linie 8: Leinestraße – S-Bf. Hermannstraße (ca. 1 km)

Linie 5: Jungfernheide – Flughafen Tegel.*) Hierbei ist allerdings auch die Führung als S-Bahn vom Bahnhof Westend aus in der Diskussion *) (ca. 3 km).

Bei der Realisierung aller dieser Projekte hätte das U-Bahn-Netz in ganz Berlin dann etwa eine Länge von 155 km erreicht.

Berliner U Bahn in Farbe

Das Berliner U-Bahn-Netz auf einem Faltplan aus dem Jahre 1913

Rechts oben: Auf diesem Foto aus dem Jahre 1965 steht ein AII-Zug im Hochbahnhof Görlitzer Bahnhof (Oranienstraße) in Berlin-Kreuzberg

Rechts unten: Die reizvolle Umgebung des Bahnhofs Thielplatz wurde Ende der sechziger Jahre durch eine rücksichtslose Straßenplanung zerstört, heute sieht der Fahrgast auf eine Stahlspundwand, hinter der eine dreispurige Straße entlangführt

Seite 73: Ein A3L-Sechswagenzug im Sommer 1981 kurz vor dem südlichen Ende der Linie 2 in Berlin-Zehlendorf an der Wagenhalle Krumme Lanke

Ruhleben
381

Thielplatz

Ein Zug aus drei C-Wagen im Endbahnhof der Linie 8

Rechts oben: Der BI-Zug (Tw 69 + Bw 329 + Tw 75) in der Bw Seestraße

Rechts unten: 1977 erhielt die BVG von Orenstein & Koppel den ersten europäischen U-Bahn-Doppeltriebwagen mit Drehstrom-Asynchron-Motoren, hier noch mit roter „Bauchbinde", die nach kurzer Zeit wieder entfernt wurde. Diesem Prototyp folgten bis 1985 weitere 90 Wagen mit Drehstrommotoren

Im Jahre 1967 wurde für den englischen Agentenfilm „A Dandy in Aspic" ein S-Bahn-Zug benötigt. Da mit der Deutschen Reichsbahn keine Einigung zustande kam, half die BVG mit den in S-Bahn-Farben lackierten U-Bahn-Wagen 185+630+680+190 aus, hier vor der Wagenhalle am Olympia-Stadion

69
69

Rudow
Erster U-Bahnzug mit Drehstrom-Antriebstechnik
Bahntechnik der Zukunft
2578
2578
AEG-TELEFUNKEN
BVG
O&K Orenstein&Koppel
Partner für die U-Bahntechnik
Drehstrom-Antriebstechnik energiesparend und wartungsarm

714·4
128 714-4

PANKOW

Anlieferung der Schienenbearbeitungsmaschine SBM 111 von Plasser & Theurer Ende August 1982, die Wagennummer wurde kurz darauf in 4090 geändert

◄ Bahnhof Schönhauser Allee im April 1980 mit einem Zug in Richtung Thälmannplatz. Bei dem Triebwagen 128 714-4 handelt es sich um eines der im Jahre 1972 von West-Berlin an die BVB abgegebenen Fahrzeuge, er trug bei der BVG die Wagennummer 350

Moderner Arbeitszug am neuen Regionalstellwerk Olympia-Stadion: Akkulok 4050, vierachsige Lore 4106 und Spitzenfahrzeug 4152, November 1983

Im Mai 1980 wurde dieser im Raw Schöneweide zum Rangiertriebwagen umgebaute Al Nr. 125 456 (früher 442) in Ost-Berlin am Güterbahnhof Schöneweide fotografiert

◄ Die Serienausführung der Bauart GI nördlich des Hochbahnhofes Schönhauser Allee im Juli 1979

Im Februar 1977 wurde das 75jährige Jubiläum der Berliner U-Bahn gefeiert, auf der Linie 3 pendelten an einigen Tagen jeweils zwei geschmückte Kleinprofil-Museumszüge

Das erste Fahrzeug für den Magnetbahn-Versuchsbetrieb in Berlin: Wagen 706 vor einer Probefahrt auf dem unteren Bahnsteig des Turmbahnhofes Gleisdreieck

Wandlungen der U-Bahn-Fahrpreise

Auf dem Tarifgebiet hat die Berliner Hoch- und Untergrundbahn im Laufe der Jahrzehnte eine Wandlung vom Zonentarif mit anfangs 5 Zonen zum Einheitstarif durchgemacht. Die Zahl der Zonen nahm von 1918 an dauernd ab, bis 1920 neben dem Fahrschein für die ganze Strecke nur noch eine Kurzstrecke für 5 Bahnhöfe übrigblieb. 1927 erfolgte im Rahmen des tariflichen Zusammenschlusses mit Straßenbahn und Omnibus der Übergang zum Einheitstarif mit Umsteigeberechtigung. Monatskarten wurden bei der U-Bahn erst 1926 eingeführt.

Gleichzeitig mit der Schaffung der Tarifgemeinschaft der heutigen BVG-Verkehrsmittel im Jahre 1927 wurde auch die zweite Wagenklasse abgeschafft und die Einheitsklasse mit Polstersitzen eingeführt.

Als Beispiel für die Entwicklung der Fahrpreise wird in der folgenden Aufstellung der Preis für Einzelfahrscheine für Erwachsene zur Fahrt auf der U-Bahn angegeben.

Fahrpreis gültig ab	3. Kl.	2. Kl.	Bemerkungen	
20. 4. 1902	10 Pf	15 Pf	4 Stationsabschnitte	Im Frühverkehr verbilligte Fahrpreise
	15 Pf	20 Pf	7 Stationsabschnitte	
	20 Pf	30 Pf	10 Stationsabschnitte	
	25 Pf	35 Pf	13 Stationsabschnitte	
	30 Pf	40 Pf	ganze Strecke	
3. 11. 1912	10 Pf	15 Pf	5 Stationsabschnitte	Im Frühverkehr verbilligte Fahrpreise
	15Pf	20 Pf	8 Stationsabschnitte	
	20 Pf	30 Pf	12 Stationsabschnitte	
	25 Pf	35 Pf	17 Stationsabschnitte	
	30 Pf	40 Pf	ganze Strecke	
1. 4. 1918	15 Pf	20 Pf	5 Stationsabschnitte	Im Frühverkehr verbilligte Fahrpreise
	20 Pf	30 Pf	8 Stationsabschnitte	
	25 Pf	35 Pf	12 Stationsabschnitte	
	30 Pf	40 Pf	ganze Strecke	
23. 1. 1919	20 Pf	30 Pf	5 Stationsschnitte	Karten für den Frühverkehr werden nicht mehr ausgegeben
	30 Pf	40 Pf	8 Stationsschnitte	
	35 Pf	45 Pf	ganze Strecke	
1. 1. 1920	30 Pf	45 Pf	5 Stationsabschnitte	
	40 Pf	60 Pf	ganze Strecke	
In der Inflationszeit bis zum 21. 11. 1923 wurden die Fahrpreise häufig gewechselt.				
22. 11. 1923	10 Pf	15 Pf	5 Stationsabschnitte	
	15 Pf	20 Pf	ganze Strecke	
20. 3. 1925	15 Pf	20 Pf	5 Stationsabschnitte	
	20 Pf	30 Pf	ganze Strecke	

Fahrpreis gültig ab	3. Kl.	2. Kl.	Bemerkungen
15. 3. 1927			Einheitstarif der heutigen BVG-Verkehrsmittel, Fortfall der 2. Wagenklasse.
		20 Pf	mit Umsteigeberechtigung auf Straßenbahn oder Omnibus
2. 1. 1930		25 Pf	mit Umsteigeberechtigung auf Straßenbahn oder Omnibus
2. 7. 1930		25 Pf	mit Umsteigeberechtigung zur Straßenbahn
		30 Pf	mit Umsteigeberechtigung zum Omnibus
1. 9. 1933		10 Pf	3 Stationsabschnitte
		25 Pf	mit Umsteigeberechtigung auf Straßenbahn oder Omnibus (beim Omnibus 5 Pf Zuschlag)
1. 10. 1937		10 Pf	3 Stationsabschnitte
		15 Pf	5 Stationsabschnitte
		25 Pf	mit Umsteigeberechtigung auf Straßenbahn oder Omnibus (beim Omnibus 5 Pf Zuschlag)
1. 9. 1944		20 Pf	ohne Umsteigeberechtigung zu anderen Verkehrsmitteln
1. 5. 1951		25 Pf	ohne Umsteigeberechtigung zu anderen Verkehrsmitteln
1. 7. 1956		30 Pf	ohne Umsteigeberechtigung zu anderen Verkehrsmitteln
2. 1. 1960		35 Pf	ohne Umsteigeberechtigung zu anderen Verkehrsmitteln
1. 4. 1964		40 Pf	ohne Umsteigeberechtigung zu anderen Verkehrsmitteln
1. 3. 1972		60 Pf	ohne Umsteigeberechtigung zu anderen Verkehrsmitteln
1. 3. 1976		100 Pf	mit Umsteigeberechtigung zu anderen BVG-Verkehrsmitteln
1. 8. 1977		130 Pf	mit Umsteigeberechtigung zu anderen BVG-Verkehrsmitteln
1. 8. 1979		150 Pf	mit Umsteigeberechtigung zu anderen BVG-Verkehrsmitteln
1. 7. 1981		180 Pf	mit Umsteigeberechtigung zu anderen BVG-Verkehrsmitteln
1. 7. 1982		190 Pf	mit Umsteigeberechtigung zu anderen BVG-Verkehrsmitteln
1. 7. 1983		200 Pf	mit Umsteigeberechtigung zu anderen BVG-Verkehrsmitteln
1. 5. 1985		210 Pf	mit Umsteigeberechtigung zu anderen BVG-Verkehrsmitteln

Die Aufstellung zeigt ab 1. Mai 1951 die Fahrpreise in West-Berlin, in Ost-Berlin beträgt der Fahrpreis zur Fahrt auf der U-Bahn unverändert 20 Pf.

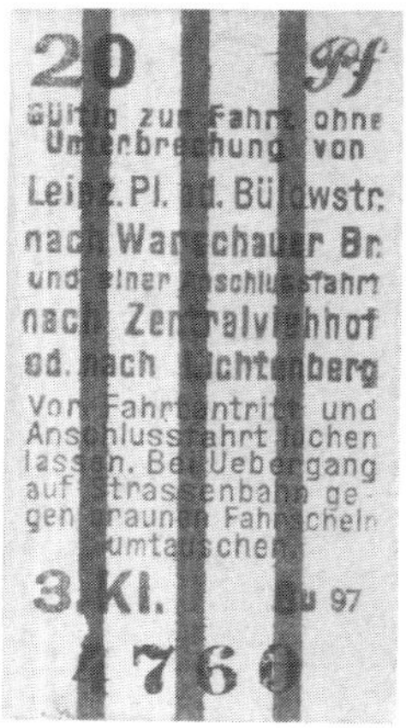

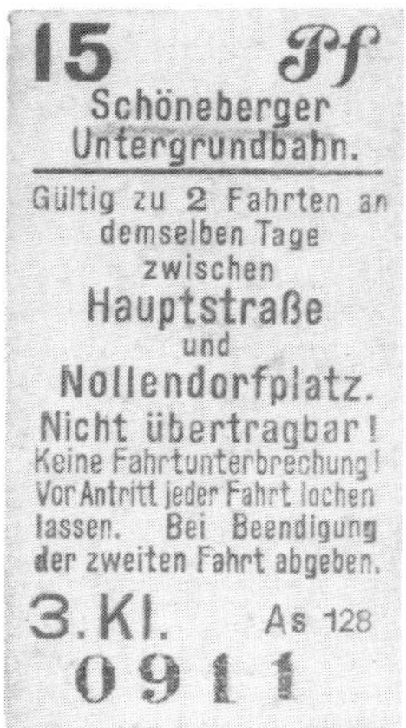

Hch. Fasbender Akt.-Ges. Berlin

Hoch- und Untergrundbahn Berliner Strassenbahn

U 131 42028 3. Klasse

Umsteigefahrschein. Gültig für eine Fahrt auf der Hoch- u. Untergrundbahn in der 3. Klasse gemäß Beförderungsbest. u. eine Anschlussfahrt auf der Strassenbahn. Diese muß innerhalb $1\frac{1}{2}$ Stunden nach dem durch Lochung gekennzeichneten Zeitpunkt angetreten werden. Gelocht wird die angefangene halbe Stunde. Bei Antritt der Anschlußfahrt ist der Fahrschein dem Schaffner zur Lochung auszuhändigen.

Zugang Übergang

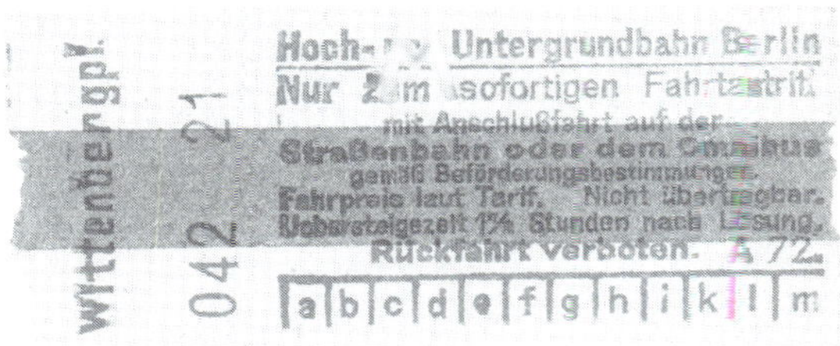

Wittenbergpl. 042 21

Hoch- u. Untergrundbahn Berlin
Nur zum sofortigen Fahrtantritt
mit Anschlußfahrt auf der
Straßenbahn oder dem Omnibus
gemäß Beförderungsbestimmungen.
Fahrpreis laut Tarif. Nicht übertragbar.
Uebersteigezeit $1\frac{1}{2}$ Stunden nach Lösung.
Rückfahrt verboten. A 72.

a b c d e f g h i k l m

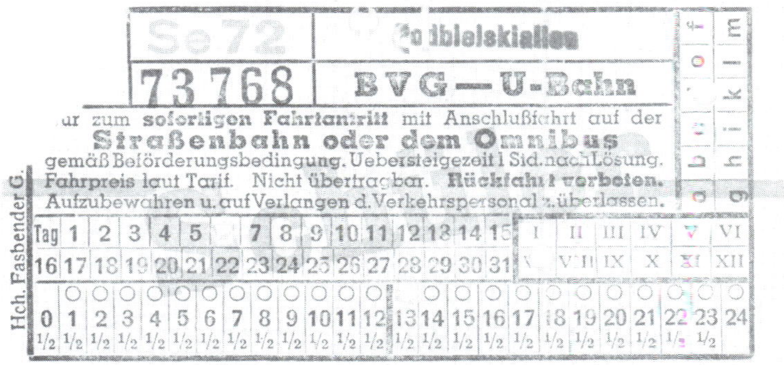

Hch. Fasbender G.

Se 72 73 768

BVG — U-Bahn

...ur zum sofortigen Fahrtantritt mit Anschlußfahrt auf der
Straßenbahn oder dem Omnibus
gemäß Beförderungsbedingung. Uebersteigezeit 1 Std. nach Lösung.
Fahrpreis laut Tarif. Nicht übertragbar. Rückfahrt verboten.
Aufzubewahren u. auf Verlangen d. Verkehrspersonal z. überlassen.

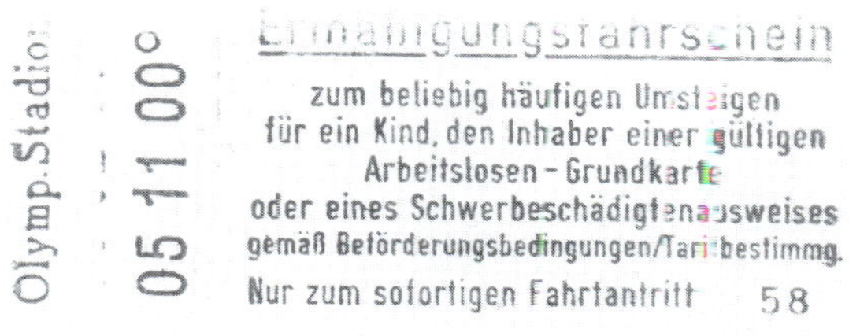

Olymp. Stadion 05 11 00

Ermäßigungsfahrschein
zum beliebig häufigen Umsteigen
für ein Kind, den Inhaber einer gültigen
Arbeitslosen-Grundkarte
oder eines Schwerbeschädigtenausweises
gemäß Beförderungsbedingungen/Tarifbestimmg.
Nur zum sofortigen Fahrtantritt 58

U-Bahn-Fahrausweise aus mehreren Jahrzehnten

Der Wagenpark

„Kaiserwagen“ und „Amanullah-Wagen“, der Fahrzeugpark der Kleinprofillinien bis 1930

Die beiden ersten Wagen der „Gesellschaft für elektrische Hoch- und Untergrundbahnen in Berlin“ waren zwei 1899 von der Kölner Waggonfabrik van der Zypen & Charlier gebaute Probefahrzeuge.

Die Probewagen hatten die Türen, im Gegensatz zu den Wagen der ebenfalls von Siemens ausgeführten Budapester Untergrundbahn, an den Wagenenden, die Sitzplätze waren als Quersitze (2 + 1) ausgeführt.

Am 29. März 1908 fuhr Kaiser Wilhelm II. in einem dieser Wagen, der daraufhin „Kaiserwagen“ genannt wurde, vom Bahnhof Leipziger Platz (heute Potsdamer Platz) bis zum Bahnhof Reichskanzlerplatz (heute Theodor-Heuss-Platz) und eröffnete damit die Charlottenburger Strecke.

Beide Fahrzeuge fanden später als Arbeitswagen (Bereisungswagen) Verwendung.

Durch das gewählte Lichtraumprofil der ersten Hoch- und Untergrundbahnstrecken sind die Abmessungen für alle Kleinprofilfahrzeuge auf 2,30 m Breite festgelegt, ebenso bestimmten die damals (und auch später noch ausgeführten) kleinen Gleisbogenradien die Fahrzeuglänge auf 12,7 bis 12,8 m über Kupplung.

Die zunächst vorgesehenen und in den beiden Probewagen ausgeführten Quersitze ergaben einen so engen Durchgang, daß ein schnelles Ein- und Aussteigen nicht möglich war. An Stelle der Quersitze traten Längssitze mit einem breiten Mittelgang in den Fahrzeugen. Die Längssitze wurden allgemein eingeführt und haben auch bei der späteren Weiterentwicklung des Wagenparks lange Zeit Anwendung gefunden.

Mit der Montage der ersten Serienfahrzeuge für die Betriebseröffnung der ersten Strecken der Hochbahngesellschaft wurde im September 1901 in der Werkstatt Warschauer Brücke begonnen. Bei Betriebseröffnung 1902 standen 42 Triebwagen 3. Klasse und 21 Beiwagen 2. Klasse zur Verfügung (spätere Bezeichnung Bauart AI, 1. Lieferung). Es wurden 3-Wagen-Züge, bestehend aus zwei Trieb- und einem Beiwagen, gefahren. Die 12,7 m langen Fahrzeuge, Wagenkastenlänge 12,0 m, Wagenkastenbreite

Die ersten Berliner-U-Bahn-Wagen: Einer der beiden 1899 gebauten Probewagen

Triebwagen Nr. 4 Bauart AI T3 (3 = drei Fahrmotoren), 1. Lieferung Baujahr 1901

2,30 m, hatten hölzerne Aufbauten und besaßen Längssitze mit Mittelgang. Besonders wird vermerkt, daß zur Bequemlichkeit der Fahrgäste die Sitzbreite 51 cm gegenüber der vom Polizeipräsidenten geforderten 49 cm beträgt.

Jeder Triebwagen erhielt im Hinblick auf die zu fahrenden 3-Wagen-Züge nur drei Tatzlager-Fahrmotoren; die Leistungsfähigkeit der Motoren gestattete eine Höchstgeschwindigkeit von 50 km/h, die auch als höchste Geschwindigkeit in der Genehmigungsurkunde vorgesehen war. An jeder Seite eines jeden Wagens befand sich an jedem Drehgestell ein Stromabnehmer, so daß auch längere Stromschienenlücken anstandslos durchfahren werden konnten.

Bereits die zweite Fahrzeuglieferung, die im Jahre 1902 bestellt wurde, sah 4-Wagen-Züge (Tw+Bw+Bw+Tw) vor, so daß nunmehr auch die vierte Triebwagenachse einen Motor erhielt.

Ab 1906 (5. Lieferung) erhielten die Fahrzeuge eine durchgehende elektrische Zugsteuerung, die die Bildung von 8-Wagen-Zügen (4 Trieb- und 4 Beiwagen) ermöglichte. Ebenso wurde ab 1906 die Zweikammer-Druckluftbremse durch eine gleichartige, jedoch elektrisch gesteuerte ersetzt.

Die Fahrzeuge der Bauart AI erhielten bis 1913 (Triebwagen) und bis 1923/24 (Beiwagen) Holzaufbauten, erst die AI-Neubauten ab 1924 (16. Lieferung) erhielten Stahl-Wagenkästen.

Äußere Kennzeichen der AI-Wagen waren einfache Spannpufferkupplungen (sogenannte Hochbahnkupplung), Starkstrom-Dachkupplungen, Steuerstromkupplungen über Dose und Stecker unterhalb der Wagenkästen sowie zwei einfache von Hand zu betätigende Schiebetüren auf jeder Wagenseite. AI-Wagen gab es mit vier, fünf, sechs und acht Fenstern in den von den Schiebetüren begrenzten Seitenwänden. 1927 wurde die zweite Wagenklasse aufgegeben und der rote Außenanstrich dieser Wagen den „Raucher"-Wagen zugeordnet. Versuchsweise erhielten zwei AI-Beiwagen 1929/30 eine Inneneinrichtung mit Quersitzen.

Für die Schöneberger U-Bahn lieferte die MAN 1910 zwölf Triebwagen mit Abteilen zweiter und dritter Klasse, die als Zweiwagenzüge auf der Linie Nollendorfplatz – Hauptstraße pendelten.

Beiwagen Bauart AIB, 5 Fenster, 3. Lieferung Baujahr 1903

Beiwagen Bauart AIB, 4 Fenster, 5. Lieferung Baujahr 1906. Der „Raucher"-Wagen hatte ursprünglich einen roten Außenanstrich

Beiwagen Bauart AIB, 6 Fenster, 8. Lieferung Baujahr 1908

Triebwagen, Bauart AIT S1 (S1 = U-Bahn Schöneberg, 1. Lieferung Baujahr 1910)

Triebwagen Bauart AIT, 8 Fenster, 13. Lieferung Baujahr 1913

Triebwagen Bauart AIT, 18. Lieferung (Baujahr 1926) mit stählernem Wagenkasten und fünf Fenstern

Triebwagen Bauart AIT, 16. Lieferung (Baujahr 1924/25) mit fünf Fenstern und nachträglich eingebauter Zugbegleitertür; hier aufgebockt und ohne Drehgestelle in der Hauptwerkstatt Grunewald

1912 wurden sechs weitere Triebwagen geliefert, so daß sich der Fahrzeugpark der Schöneberger U-Bahn auf 18 Triebwagen erhöhte.

Die zwölf erstgelieferten Triebwagen bekamen, als die Schöneberger U-Bahn am 10. Juli 1926 in der Hochbahngesellschaft aufging, ebenfalls die Bauartbezeichnung AI und die Betriebsnummern 358 bis 369, die sie bis zu ihrer Ausmusterung in den Jahren 1965/70 behielten. Die sechs Triebwagen des Baujahres 1912 wurden in Beiwagen umgebaut.

Abbildungen rechte Seite von oben nach unten:

Kleinprofilzug der Bauart AII mit dem Triebwagen 335 (19. Lieferung, Baujahr 1928)

Der Triebwagen 349 gehört ebenfalls zur 19. Lieferung (Baujahr 1928). Das Foto zeigt den Zug 349 + 822 + 796 im Gelände der Betriebswerkstatt Grunewald. Durch den in den Jahren 1964/65 durchgeführten Umbau für Einmannbetrieb wurde die elektrische Steuerung dieser Fahrzeuge verändert, es konnten größere Stirnfenster eingebaut werden. Der Einbau einer seitlichen Zugbegleitertür war bei einem Teil der AII-Triebwagen in den Jahren 1935/36 erfolgt

Beiwagen Bauart AIIB, 1965 entstanden durch den Umbau eines AI-Beiwagens der 18. Lieferung (Baujahr 1926). Aufgrund des Mangels an Beiwagen für die AII-Triebwagen baute die BVG im Jahre 1965 fünf AI-Beiwagen in AII-Beiwagen um

335
62

Alexanderpl.
349

755
755

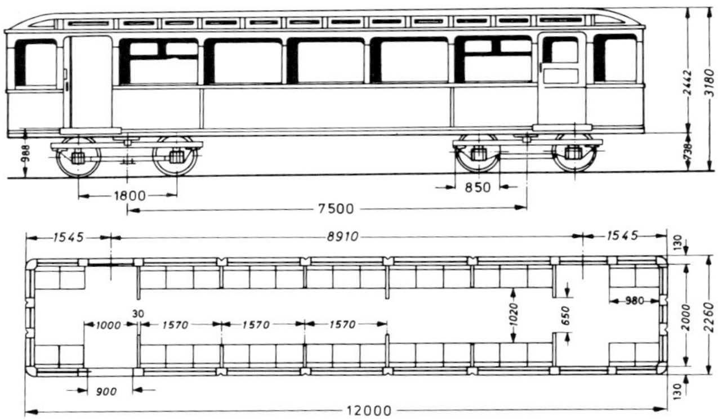

**Beiwagen Bauart AIB,
2. Lieferung Baujahr 1902,
Hauptabmessungen**

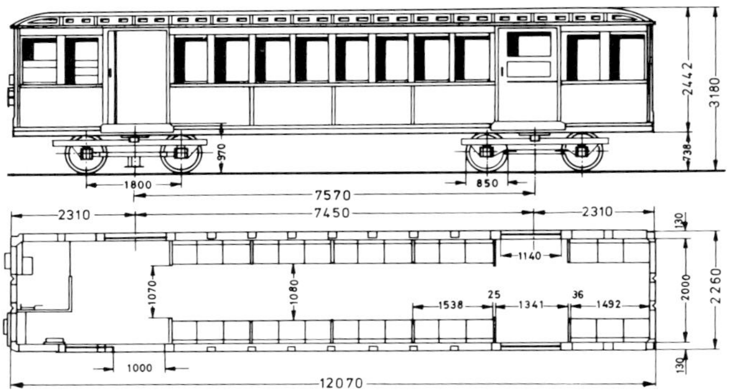

**Triebwagen Bauart AIT 4F,
12. Lieferung Baujahr 1912,
Hauptabmessungen**

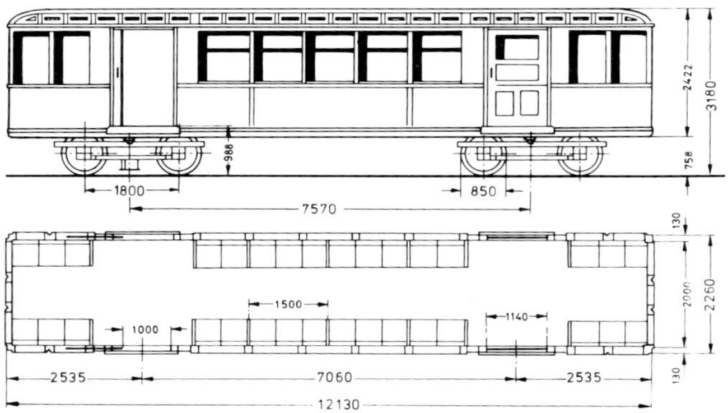

**Beiwagen Bauart AIB,
18. Lieferung Baujahr 1926,
Hauptabmessungen**

Kleinprofil-Triebwagen Bauart AI, 1. Lieferung Baujahr 1902, am 13. 7. 1923 in der damaligen Werkstatt Nordsüd (heute Seestraße) nach dem durch das größere Tunnelprofil bedingten Anbau seitlicher Bohlen zum Breitenausgleich zwischen Fahrzeug- und Bahnsteigkante für den Einsatz auf den ersten Teilabschnitten der Nordsüdbahn

Bahnhof Gneisenaustraße im Jahre 1962. Die B1-Triebwagen hatten wegen der inzwischen erfolgten Streckenverlängerung nach Tegel, die z. T. als Dammbahn ausgeführt ist, Scheibenwischer erhalten

Inneneinrichtung eines 2. Klasse Beiwagens Bauart AIB, 1. Lieferung, Baujahr 1902

U-Bahn-Wagen der Bauart B mit den allgemein für die Berliner U-Bahn typischen Längssitzen

1928/29 erfolgten in zwei Lieferungen die neuentwickelten Stahlwagen der Bauart AII (96 Trieb- und 96 Beiwagen).

Mit den AII-Wagen wurde gleichzeitig eine halbselbsttätige Zugsteuerung eingeführt. Äußerliche Merkmale dieser Wagen waren drei Fenster und zwei Doppelschiebetüren an jeder Wagenlängsseite sowie Scharfenbergkupplungen, die auch die Bremsleitungen sowie die Stark- und Steuerstromkontakte miteinander kuppelten. Eine weitere wesentliche Verbesserung brachte bei den AII-Triebwagen die besondere Einstiegtür für den Zugbegleiter, die 1935/36 bei einem Teil der Fahrzeuge eingebaut wurde und die nachträglich auch die AI-Triebwagen der 16. und 17. Lieferung erhielten.

Der Volksmund bezeichnete die Wagen der Bauart AII als „Amanullah"-Wagen nach dem König Aman-Ullah von Afghanistan, der sich 1928 in Berlin aufhielt und einen der neuen AII-Züge steuern durfte.

Mit den AII-Wagen endete für einen fast 30 Jahre umfassenden Zeitraum die Beschaffung neuer Fahrzeuge für das Kleinprofilnetz der Berliner U-Bahn.

„Blumenbretter" und „Tunneleulen", der Fahrzeugpark der beiden Nordsüdlinien und der Friedrichsfelder Linie

Bereits bei der Planung der ersten Nordsüdbahnstrecken durch die Stadt Berlin hatte sich die Erkenntnis durchgesetzt, das 1897 gewählte kleine Tunnelprofil durch ein größeres zu ersetzen, welches den Bau von 2,65 m breiten Fahrzeugen gestattet. Gleichzeitig mit dem Beginn der Bauarbeiten für die Nordsüdbahn Seestraße

– Bergstraße veranlaßte die Stadt Berlin den Bau von zwei Muster-Triebwagen, die 1914 von der Waggonfabrik Linke-Hofmann in Breslau geliefert und auf dem Versuchsgelände der Firma Siemens in Siemensstadt eingehend erprobt wurden.

Der ursprünglichen Planung gemäß waren die Muster-Triebwagen mit Dachstromabnehmern für eine an der Tunneldecke angebrachte Stromschiene ausgerüstet; diese Art der Stromabnahme wurde jedoch zugunsten der seitlich neben dem Gleis angebrachten, von unten bestrichenen Stromschiene aufgegeben. Die Wagen wiesen bei 12,5 m Wagenkastenlänge und 2,65 m Wagenkastenbreite fünf Abteile auf, von denen die drei mittleren mit je acht Quersitzen ausgeführt waren. Das Fassungsvermögen eines Wagens betrug 41 Sitz- und 70 Stehplätze, zusammen also 111 Plätze gegenüber den nur 75 Personen aufnehmenden Wagen der Hochbahngesellschaft mit 2,30 m Breite. Ein 6-Wagen-Zug der Nordsüdbahn befördert also mehr Personen als acht Wagen der Hochbahn, dementsprechend wurden die Bahnsteige kürzer gehalten und auf 81 m Länge beschränkt. Jedes Abteil war mit einer Schiebetür versehen, die vor der Abfahrt des Zuges durch den Zugführer zentral geschlossen werden konnte. Der Probewagen Nr. 11 erhielt später als Hilfsgerätewagen die Nr. 1007 und war bis 1969 vorhanden.

Auch für die AEG-Schnellbahn wurden zwei Probewagen in Auftrag gegeben. Diese beiden von der Kölner Waggonfabrik van der Zypen & Charlier im Jahre 1916 gebauten Fahrzeuge kamen jedoch nie auf der für sie vorgesehenen Strecke zum Einsatz; sie sind im Mai 1921 von der Eisenbahndirektion Berlin für die seit 1903 elektrisch betriebene Vorortstrecke Berlin Potsdamer Bahnhof – Groß-Lichterfelde-Ost übernommen worden.

Bei Eröffnung des ersten Streckenabschnittes der Nordsüdbahn, dem Abschnitt Stettiner Bahnhof – Hallesches Tor im Jahre 1923, konnten durch die fehlenden Finanzmittel keine eigenen Fahrzeuge beschafft werden. Die Nordsüdbahn AG übertrug daher die Betriebsführung der Hochbahngesellschaft mit der Bedingung, je 24 ihrer Kleinprofil-Trieb- und Beiwagen der Bauart AI nach elektrischer Umrüstung und nach Anbau seitlicher Bohlen zum Breitenausgleich, den sogenannten „Blumenbrettern", zur Verfügung zu stellen.

Nach Überwindung der Inflation war endlich die Finanzierung der Nordsüdbahnwagen gesichert und im Jahre 1924 wurden die ersten 16 Trieb- und 8 Beiwagen des später mit B1 bezeichneten Typs geliefert, die wegen ihrer ovalen Stirnfenster „Tunneleulen" genannt wurden.

Für die Fahrzeuge der Nordsüdbahn sind von Anfang an Wagenkästen in reiner Stahlbauweise beschafft worden, wenn auch von Stahlleichtbau noch nicht gesprochen werden konnte (Leergewicht Triebwagen 32,8 t, Beiwagen 19,7 t). Die Fahrzeuge des Typs B1 waren 13,15 m lang und hatten drei Doppelschiebetüren je Wagenseite.

Jedes Triebwagen-Drehgestell hatte zwei Tatzlager-Fahrmotoren, als Zugsteuerung wurde die Schützensteuerung gewählt. Die Fahrschalter waren mit einer Sicherheits-Fahrschaltung (Sifa) versehen. Als Bremse fand eine stufenweise anleg- und lösbare Einkammer-Druckluft-Klotzbremse Verwendung. Alle Großprofil-Fahrzeuge erhielten von Anfang an die automatische Scharfenberg-Kupplung; als Starkstrom-Kupplung erhielten die B1-Wagen eine Dachkupplung wie die AI-Fahrzeuge.

Es wurden 3-, 4- und 5-Wagen-Züge (Tw + Bw + Tw, Tw + Bw + Bw + Tw, Tw + Bw + Bw + Bw + Tw) gefahren, aus dem vermehrten Einsatz von 5-Wagen-Zügen erklärt sich die größere Zahl der Beiwagen.

1927/28 entstand, da die Erprobung der 1926 gelieferten 18 m langen C1-Wagen noch nicht abgeschlossen war, die wesentlich verbesserte Bauart B2 mit 20 Trieb- und 30 Beiwagen, die in ihren äußeren Abmessungen den vorhandenen B1-Fahrzeugen glichen, mit diesen aber wegen der vergrößerten Antriebsleistung nicht freizügig kuppelbar waren.

Im Sommer 1969 verkehrten die letzten Züge aus B1- und B2-Wagen auf dem Berliner U-Bahn-Netz.

Das Jahr 1926 brachte die Erprobung der ersten Züge mit 18 m langen Wagen; diese Versuchs-

Die Muster-Triebwagen für die Nordsüdbahn

Oben: Der eine der beiden von der Waggonfabrik Linke-Hofmann (Breslau) gelieferten Triebwagen; hier deutlich erkennbar die Dachstromabnehmer für die knapp über dem Wagendach angebrachte Stromschiene

Unten: Der aus dem Probewagen Nr. 11 entstandene Hilfsgerätewagen 1007 in der Betriebswerkstatt Seestraße, Baujahr 1914, verschrottet 1969

U-Bahn-Wagen auf einer Berliner Vorortstrecke

Für die U-Bahn-Linie Gesundbrunnen – Neukölln gab die mit dem U-Bahn-Bau beauftragte AEG-Schnellbahn AG bei der Kölner Waggonfabrik van der Zypen & Charlier zwei Probefahrzeuge in Auftrag, deren Lieferung 1916 erfolgte. Durch die Zeitereignisse nach dem ersten Weltkrieg verzögerte sich die Fertigstellung der U-Bahn-Linie; beide Probewagen sind deshalb im Mai 1921 von der Eisenbahndirektion Berlin für die seit 1903 elektrisch betriebene Vorortstrecke Bln Potsdamer Bahnhof – Groß Lichterfelde-Ost übernommen worden.
Die Fotos zeigen oben einen der beiden Probewagen in Ursprungsausführung, unten die Innenraumaufteilung mit versetzten Quersitzen in Abteilanordnung

fahrzeuge der 4. Lieferung erhielten zum Teil drei, zum Teil vier Schiebetüren je Wagenseite. Sie besaßen eine Türschließvorrichtung, bei der das Schließen der Türen den Fahrgästen durch eine rot aufleuchtende Lampe angezeigt wurde. Diese C1-Fahrzeuge wurden betrieblich wie werkstattmäßig sehr umfangreichen Untersuchungen unterzogen, ehe die Serienbestellung (Bauarten C2/C3) erfolgte.

Als Antriebsleistung gelangten je C2-Triebwagen zwei Tatzlagermotoren mit einer Stundenleistung von 100 kW bei 750 V zum Einbau. Die Ausrüstung der C2-Wagen mit einem Trieb- und einem Laufdrehgestell ergab sich aus der Forderung, für diese 10. Lieferung keine Beiwagen mehr zu beschaffen. Bis zu sechs C2-Triebwagen bildeten je nach Platzausnutzung eine Zugeinheit.

Die 114 C2-Triebwagen für Züge mit bis zu sechs Wagen waren ursprünglich für die Linie Gesundbrunnen – Neukölln bestimmt, die Friedrichsfelder Linie wurde mit C3-Triebwagen betrieben.

Die Wagenkästen der Bauarten C2/C3 sind zwar gleich, die elektrische Ausrüstung dagegen sehr unterschiedlich. Die Fahrzeuge C2 erhielten eine Schaltwerksteuerung und Einkammer-Druckluftbremse. Die Bauart C3 dagegen wurde mit Schützensteuerung sowie elektrischer Kurzschlußbremse mit abschließender Federspeicherbremse versehen.

Der Leichtmetallzug C4 (1930) war der erste Versuch, Aluminium als Baustoff für U-Bahn-Wagenkästen einzuführen. Bei diesem Versuchszug war das Kastengerippe aus Aluminium-Normalprofilen genietet, während das Untergestell wie bisher aus Stahl gefertigt war. Die Gewichtsersparnis betrug 12%. Die Triebwagen waren mit je vier Fahrmotoren ausgerüstet. Der

Mehr als vier Jahrzehnte waren die als „Tunneleulen" bezeichneten Fahrzeuge der Bauart B1 im Einsatz. Ein vollständiger B1-Zug wird für ein zukünftiges Berliner Verkehrsmuseum von der BVG aufbewahrt

Oben: Triebwagen Bauart B1T, 3. Lieferung Baujahr 1925/26, Zugbegleiterseite. Das Foto zeigt den Triebwagen in Ursprungsausführung

Abbildungen rechte Seite von oben nach unten:

Triebwagen Bauart B1T, 3. Lieferung Baujahr 1925/26, Zugbegleiterseite. Das Foto zeigt das Aussehen des Wagens um 1940

Beiwagen Bauart B1BK, 3. Lieferung Baujahr 1925/26

Steuerwagen Bauart B1St, 5. Lieferung Baujahr 1926. Das Foto zeigt das Aussehen des Wagens um 1950

Chlorodont
Chlorodont
66
66

Chlorodont
Chlorodont
232
232

Nichtraucher
Nichtraucher
BVG
257
257

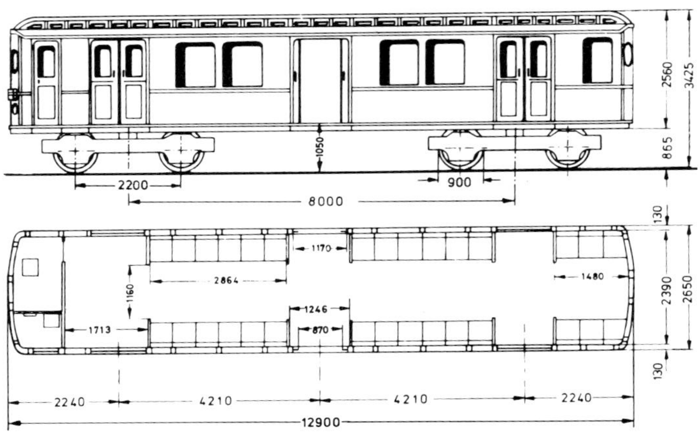

Triebwagen Bauart BIT4, 1. bis 3. Lieferung Baujahr 1924–26, Hauptabmessungen

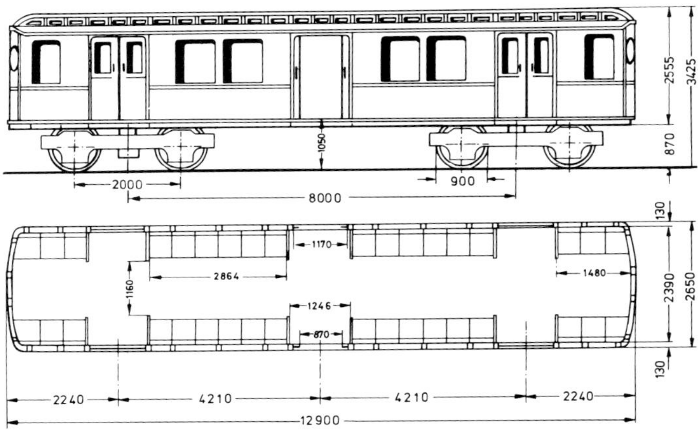

Beiwagen Bauart BIB, 8. Lieferung Baujahr 1927–28, Hauptabmessungen

Die 4. Lieferung von Großprofilfahrzeugen (Baujahr 1926) umfaßte die ersten 18 m langen Trieb- und Beiwagen der Bauart C. Ein Zug aus vier Wagen (Tw 100 + Bw 350 + Bw 250 + Tw 99) steht hier in der Werkstatt Seestraße

Beiwagen Bauart C1B, 6. Lieferung Baujahr 1927; Ursprungsausführung mit rotem „Raucher"- und gelbem „Nichtraucher"-Abteil

Fahrzeuglieferungen bis 1945 und Wiederaufbauwagen

Liefe-rung	Baujahr	Typ	Trieb-wagen	Bei-wagen	Liefe-rung	Baujahr	Typ	Trieb-wagen	Bei-wagen
Kleinprofil									
1.	1901/02	A 1	42	21	15.	1913	A 1	1	–
2.	1902	A 1	24	9	15.	1923/24	A 1	–	6
3.	1902/03	A 1		4	16.	1924/25	A 1	51	51
4.	1903/04	A 1	–	4	17.	1925/26	A 1	12	12
5.	1906/07	A 1	6	13	18.	1926	A 1	72	13
6.	1908	A 1	6	8	19.	1928	A 2	51	51
7.	1908	A 1	6	–	20.	1928/29	A 2	45	45
8.	1908	A 1	30	28	S 1.	1910	A 1	12	–[1]
9.	1909	A 1	5	–	S 2.	1912	A 1	6	–[1]
10.	1909	A 1	10	10	16.	1949/50	A 1	4	2[2]
11.	1910	A 1	4	4	18.	1949/50	A 1	4	1[2]
12.	1912	A 1	6	11	20.	1949	A 2	1	1[2]
13.	1913	A 1	24	24	22.	1950/51	A 2	10	–[2]
14.	1913	A 1	65	36					
Großprofil									
1.	1924	B 1	16	8	7.	1930	C 4	2	1[4]
2.	1924/25	B 1	18	26	8.	1927/28	B 2	14	48[3]
3.	1925	B 1	40	40	9.	1929	B 2	6	9
4.	1926/27	C 1	8	8	10.	1929/30	C 2	114	–
5.	1926	B 1	–	10	11.	1930	C 3	30	–
6.	1926/27	C 1	4	4	12.	1947/51	B 2	16	19[2]

[1] Lieferungen für die Schöneberger U-Bahn
[2] Wiederaufbau kriegszerstörter Wagen
[3] Typen B 1 und B 2
[4] Leichtmetall-Fahrzeuge

Prototyp-Triebwagen 106 der Bauart C1T, 4. Lieferung Baujahr 1926, viertürige Ausführung.

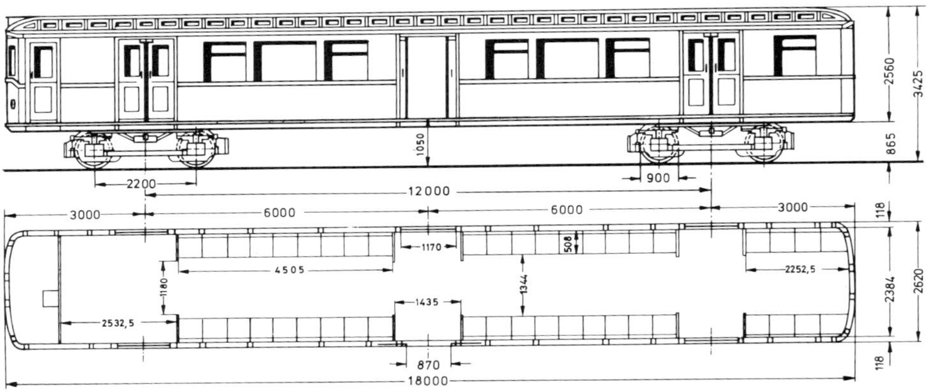

Triebwagen Bauart C2T2, 10. Lieferung Baujahr 1929/31, Hauptabmessungen

Beiwagen Bauart C4BK, 7. Lieferung Baujahr 1930 (Aluminium-Versuchsausführung) mit 1938 geänderter Innenausstattung (Quersitze in Abteilordnung), Hauptabmessungen

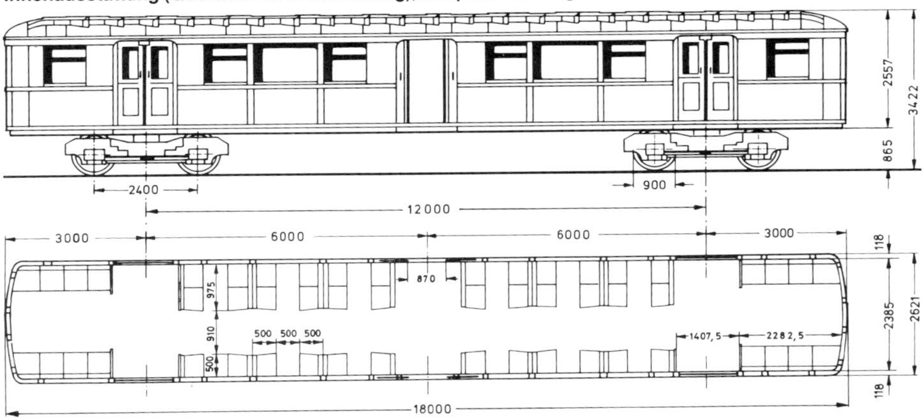

Triebwagen Bauart C2T2, 10. Lieferung Baujahr 1930, Zugbegleiterseite (oben) und Zugführerseite

Leichtmetall-Triebwagen 1394, Bauart C4T, 7. Lieferung Baujahr 1930. Die Aufnahme entstand im Oktober 1975 auf dem Gelände der Bw Britz

Beiwagen hatte im Jahre 1938, wie auch weitere 18 m-Beiwagen der 4. Lieferung, versuchsweise Quersitze in Abteilanordnung (2+1) erhalten.

Mit der Lieferung des Leichtmetallzuges im Jahre 1930 endeten zunächst die Fahrzeugbeschaffungen für die Großprofillinien.

Bis zum Jahre 1975 waren noch einige C2-Züge auf der Gesundbrunnen – Neuköllner Strecke im Einsatz.

Gegenwärtig (1985) sind noch 15 Triebwagen, abgestellt in dem Tunnelabschnitt südlich des Bahnhofs Leinestraße, vorhanden.

Fahrzeug-Neubauten der Hauptwerkstätten Grunewald und Seestraße

Durch die Zerstörung vieler Fahrzeuge in den letzten Monaten des Zweiten Weltkrieges und durch den Abtransport nach Moskau fehlte der BVG in den ersten Nachkriegsjahren Wagenmaterial. In den Jahren 1947 bis 1951 bauten die Hauptwerkstätten 35 Triebwagen und 23 Beiwagen auf Fahrgestellen kriegsbeschädigter Fahrzeuge wieder auf

Großprofil-Triebwagen Bauart B2 der als 12. Lieferung bezeichneten Nachbauserie, gefertigt in der Hauptwerkstatt Seestraße

Kleinprofilzug AII. Der Triebwagen 424 gehört zu der als 22. Lieferung bezeichneten Nachbauserie, die 1950/51 in der Hauptwerkstatt Grunewald gefertigt wurde

Berliner U-Bahn-Wagen in Moskau

Im Sommer 1945 wurden 120 Wagen des Typs C als Reparationsleistung nach Moskau gebracht. Sie wurden durch Umbauten den dortigen Verhältnissen angepaßt und bis 1966 ausgemustert. Oben ein Vier-Wagen-Zug der Berliner Bauart C in Moskau in der Kehranlage hinter dem Bahnhof Fili im Mai 196[illegible]

Ehemalige Berliner U-Bahn-Wagen – in Moskau als Typ W (= kyrillisch „B“, ebenfalls dritter Buchstabe im Alphabet) – zusammen mit einem Moskauer U-Bahn-Zug der Bauart D im Bahnhof Fili

Einige ausgediente U-Bahn-Wagen wurden nicht verschrottet, sondern von der BVG an Interessenten verkauft. Auf einigen Kinderspielplätzen und auf dem Gelände von Kindergärten in West-Berlin sind noch alte Kleinprofilwagen anzutreffen; das Bild zeigt den ausgemusterten AII-Beiwagen 808 auf einem Spielplatz einer Kindertagesstätte an der Mecklenburgischen Straße in Berlin-Wilmersdorf

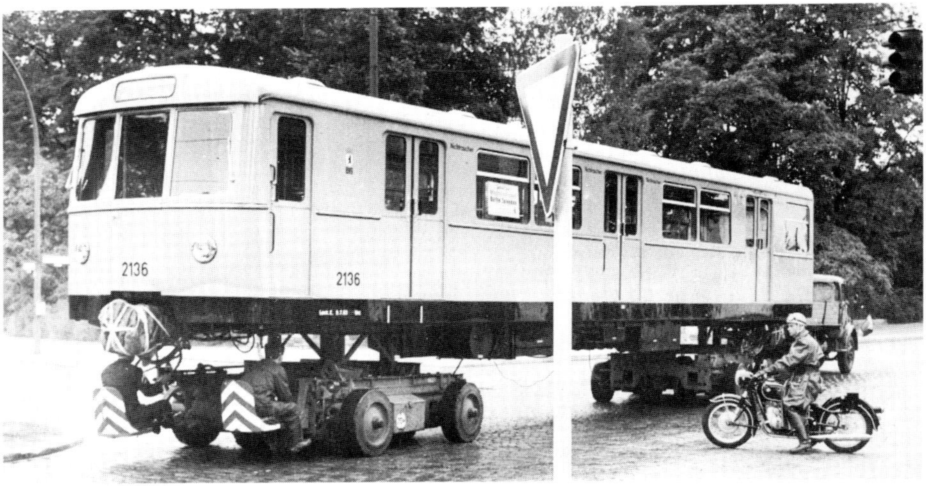

Die Überführung von neuen U-Bahn-Triebwagen von der Fa. Orenstein & Koppel in Berlin-Spandau zur Betriebswerkstatt Seestraße in Berlin-Wedding am 9. August 1963

Abbildungen rechte Seite:

Seit Mitte der fünfziger Jahre begannen die BVG und die Waggonbauindustrie mit der Entwicklung neuer U-Bahn-Züge für die Berliner U-Bahn. Seit 1957 bzw. 1960 werden neue Fahrzeuge für das Groß- und Kleinprofil ausgeliefert

Oben: Doppeltriebwagen für das Großprofil, Bauart DL, Wagen 2404/2405, Baujahr 1970, im Gelände der Betriebswerkstatt Britz

Unten: Doppeltriebwagen für das Kleinprofil, Bauart A3L, Wagen 885/884, Baujahr 1966, vor einer Halle der Betriebswerkstatt Grunewald

Eine neue Fahrzeuggeneration, die Bauarten A3/A3L und D/DL

Als Ersatz für die bis 1930 gebauten U-Bahn-Wagen (Kleinprofil Bauarten A1, A2; Großprofil Bauarten B1, B2, C1 bis C4) wurden zunächst die Bauarten A3 für das Kleinprofil und D für das Großprofil entwickelt. Nach einer zweijährigen Erprobung des Prototyps der neuen Bauart D (Wagen 2000/2001) begann 1957 die Serienfertigung dieses Typs. Es folgte 1960 in modifizierter Form für das Kleinprofil die Bauart A3. Im Jahre 1965 wurde ein Leichtmetall-Zug vorgeführt (Bauart DL), der in seinen äußeren Abmes-

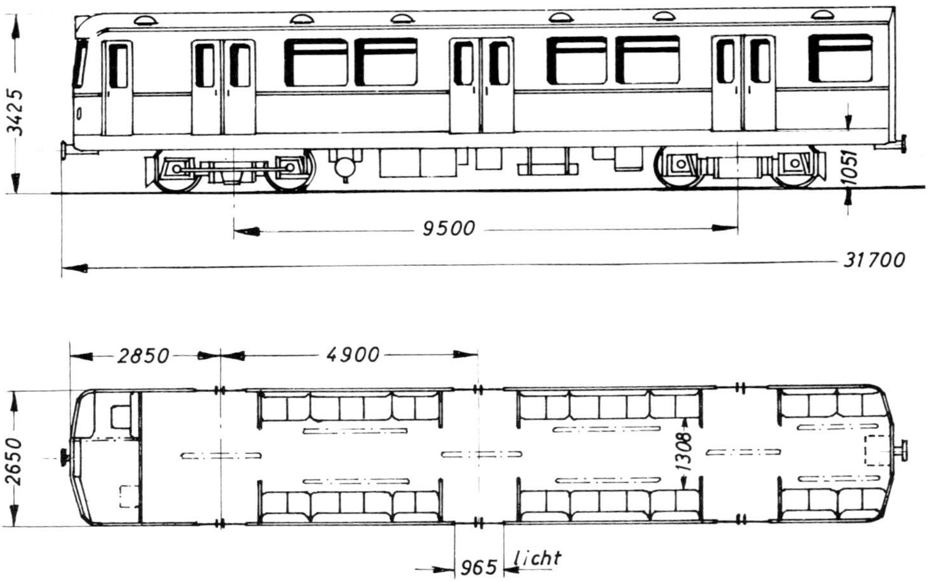

U-Bahn-Wagen Bauart DL, Hauptabmessungen

Im Oktober 1973 wurde von der BVG der erste Doppeltriebwagen der Bauart F, der Wagen 2500/2501, vorgestellt

Ab Dezember 1982 wurden neue Kleinprofilfahrzeuge ausgeliefert, die den F-Wagen – bis auf die Abmessungen – weitgehend gleichen. Gegenüber der Drehstromtechnik in den Fahrzeugen der Serie F79.3 und F84 wurde hier die Gleichstromstellertechnik eingebaut. Die Abbildung zeigt den Doppeltriebwagen 654/655 der Serie A3L 82 in der Bw Grunewald

sungen und dem Erscheinungsbild den Wagen des Typs D entsprach, aber gegenüber dem leichtesten Stahlwagen der Bauart D eine Gewichtseinsparung von 26,2 % erbrachte.

Beide Wagenbauarten wurden zunächst in Stahl- und Stahlleichtbauweise, ab 1965 dann in Leichtmetallbauweise hergestellt (A3L und DL). Das Erscheinungsbild der Groß- und Kleinprofilwagen ist weitgehend gleich, sie unterscheiden sich im wesentlichen durch die äußeren Abmessungen, also durch die unterschiedliche Wagenkastenbreite und -länge. Bei den DL-Wagen wurde zudem noch die elektrische Ausrüstung geändert. Wegen des leichteren Fahrgastwechsels und der größeren Aufnahmefähigkeit wurden wie schon bei den Vorkriegs-U-Bahn-Wagen Längssitze vorgesehen. Jeder Doppeltriebwagen besitzt vier Drehgestelle mit je einem längsliegenden Fahrmotor, der über zwei Hohlwellen-Getriebe mit Zyklo-Palloid-Verzahnung beide Achsen des Drehgestelles antreibt (Zweiachs-Längsantrieb). Es werden Anfahrbeschleunigungen bis 1,2 m/s² erreicht.

Die kleinste betriebsfähige fahrbare Einheit ist der Doppeltriebwagen, bestehend aus dem Steuerwagen (S-Wagen, gerade Wagennummer) und dem Kompressorwagen (K-Wagen, ungerade Wagennummer). Der S-Wagen enthält die Einrichtungen für die elektrische Steuerung, der K-Wagen die Druckluftanlage, die Umformeranlage sowie die Einrichtungen für die Beleuchtung.

Gleichstromstellertechnik in der Serie A3L 82

Nach neunjähriger Pause in der Beschaffung von Kleinprofilfahrzeugen wurden 1982 wieder 16 Wagen gebaut und 1983 an die BVG abgeliefert. Abweichend von den älteren A3/A3L-Wagen erhielten die acht neuen Doppeltriebwagen

Innenausstattung eines U-Bahn-Wagens Bauart D

U-Bahn-Wagen Bauart F mit Quersitzen in Abteilanordnung, Sitzplatzaufteilung 2+2

U-Bahn-Wagen Bauart F, Hauptabmessungen

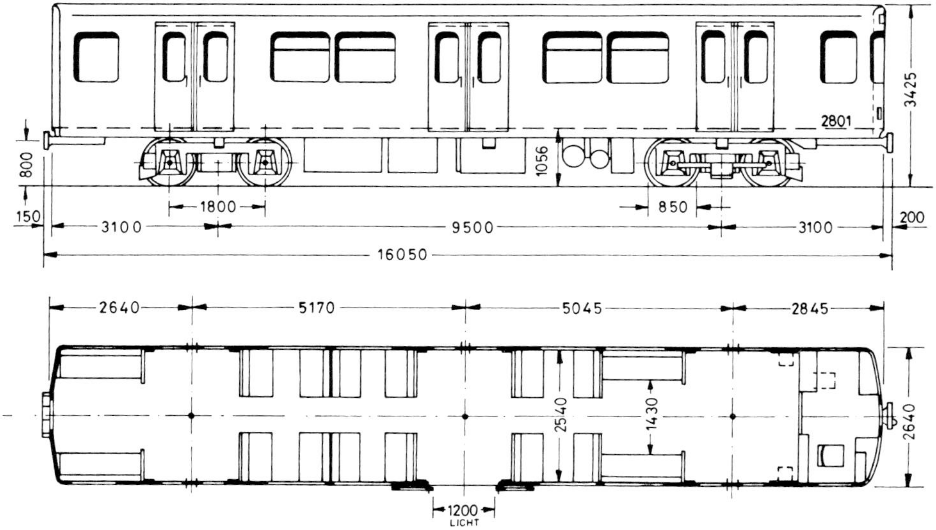

(Wagennummern 640–655) eine Antriebsausrüstung in Gleichstromstellertechnik (auch Thyristorsteuerung genannt), die Anfahr- und Verzögerungseigenschaften blieben gegenüber den älteren Wagen jedoch unverändert, um sie gemeinsam im Zugverband einsetzen zu können. Die Stirnfront wurde den F-Wagen angeglichen. Wie auch bei den neuesten F-Wagen wurden alle Wagenräder mit Schallabsorbern ausgerüstet, um geringere Rollgeräusche zu erhalten.

Die Bauart F

Im Oktober 1973 erfolgte die Auslieferung des Prototyps der Bauart F für das Großprofilnetz der Berliner U-Bahn, eine Weiterentwicklung der Typen D/DL und mit diesen Fahrzeugen nur noch mechanisch kuppelbar. Die F-Wagen haben gegenüber den D/DL-Wagen einen um 200 mm längeren Wagenkasten, die Fahrzeuge sind in Leichtmetallbauweise ausgeführt, die Drehgestelle in geschweißter Stahlausführung. Die für den Fahrgast auffälligste Änderung ist die Ausstattung mit Quersitzen (2 + 2) anstelle der bisher bei allen Berliner U-Bahn-Wagen gewohnten Längssitze. Wegen des Einbaues der Lautsprecheranlage, der Ausrüstung mit einer geänderten Türschließanlage, Einbauten für die Linienzugbeeinflussung (LZB) für den Betrieb auf der Linie U9 sowie weitere Änderungen der elektrischen Ausrüstung sind die Fahrzeuge des Typs F mit denen der Bauart D/DL nicht in einem Zugverband einsetzbar.

Erstes europäisches U-Bahn-Fahrzeug mit Drehstrom-Asynchron-Fahrmotoren

Wirtschaftliche Aspekte führten im September 1977 zur Erprobung eines Doppeltriebwagens der Bauart F mit Drehstrom-Asynchron-Motoren (Wagen 2578/2579). Bei den hier erstmalig im Nahverkehr eingesetzten wartungsarmen und verschleißteilfreien (kollektorlosen) Drehstrom-Asynchron-Fahrmotoren entfallen die Anfahrwiderstände, während die beim Bremsen anfallende Energie in das Fahrleitungsnetz zurückgeführt und erneut genutzt werden kann. Ein weiterer Vorteil neben ruckfreiem Anfahren und

Ab der zweiten Serie von Großprofilfahrzeugen der Bauart F wurde die Stirnfront der Wagen geändert. Die unterschiedlichen Kopfformen der Serie F74 (linker Triebwagen) und F76 (rechter Triebwagen) sind auf der im Bw Seestraße im Mai 1977 entstandenen Aufnahme deutlich erkennbar

Bremsen ist die mögliche konstante Geschwindigkeit unabhängig von Gefälle, Steigungen und Zuggewicht. Die Umwandlung des der Stromschiene entnommenen Gleichstroms in Drehstrom erfolgt durch eine Thyristor-Stromrichterschaltung, die erst durch die Weiterentwicklung der Halbleitertechnik möglich war.

Nach den ersten sechs Monaten Fahrpraxis bewertete die BVG den Drehstromantrieb positiv, allein die Energieeinsparung betrug 26,2 %. Die letzten 12 Wagen der Serie F 79 (Wagen 2712–2723) wurden mit einem weiterentwickelten Drehstromantrieb ausgerüstet, der sich im Betrieb auf der U-Bahn Linie 7 bewährte. Die in den Jahren 1984/85 ausgelieferte Serie F 84 (Wagen 2724 – 2801) wurde daraufhin vollständig mit einem Drehstrom-Asynchron-Antrieb ausgerüstet. Zudem haben die bei der Waggon Union in Berlin-Borsigwalde hergestellten und von den Firmen AEG und Siemens elektrisch ausgerüsteten Fahrzeuge den SIMOTRAC-Einzelachsantrieb erhalten. Die Höchstgeschwindigkeit der Drehstrom-Fahrzeuge beträgt 80 km/h gegenüber nur 70 km/h bei allen Gleichstrom-Fahrzeugen (Bauarten A3/A3L, D/DL, F-Gleichstrom). Die maximale Anfahrbeschleunigung liegt bei 1,5 m/s^2.

Die neueste Drehstrom-Serie der Berliner U-Bahn zeichnet sich außerdem durch die erstmals in Berliner U-Bahn-Wagen eingebauten Außen-Schwenkschiebetüren aus; bisher hatten alle Fahrzeuge seit 1902 Taschenschiebetüren. Die Räder wurden wie auch bei der vorangegangenen Serie F79 mit Schallabsorbern ausgerüstet, um speziell das störende Kreischen der Räder in Kurven zu vermindern. Innen zeichnen sich die neuen F 84–Fahrzeuge durch Polstersitze (Quersitze 2 + 2) mit Federkern und roten Wollplüschbezügen aus, wie sie bereits die neuen Kleinprofilfahrzeuge des Baujahres 1982 erhalten haben.

Die Drehstrom-Einheiten der Bauart F sind mit den Gleichstrom-Einheiten der gleichen Bauart kuppelbar und freizügig einsetzbar.

Zur Zeit (Stand Mitte 1985) besteht der Wagenpark der U-Bahn in West-Berlin aus:

230 Großprofil-Wagen der Bauart D (Stahlbauart)
202 Großprofil-Wagen der Bauart DL (Leichtmetallbauart)
302 Großprofil-Wagen der Bauart F (Leichtmetallbauart)

---

734 Wagen für die Großprofillinien U6 – U9

108 Kleinprofil-Wagen der Bauart A3 (Stahlbauart)
252 Kleinprofil-Wagen der Bauart A3L (Leichtmetallbauart)

---

360 Wagen für die Kleinprofillinien U1 – U4

Im U-Bahn-Netz von West-Berlin sind somit gegenwärtig 1094 U-Bahn-Wagen, d. h. 547 Doppeltriebwagen, eingesetzt.

In West-Berlin 1985 vorhandene Fahrzeuge

Wagen-Nummern	Typ/Serie	Anzahl	Baujahr	Wagenkasten-Hersteller
Großprofil				
2000 – 2001	D 57	2	1956	O & K
2002 – 2027	D 57	26	1957–58	O & K
2028 – 2053	D 57	26	1957–58	DWM
2054 – 2083	D 60	30	1960–61	O & K
2084 – 2113	D 60	30	1960–61	DWM
2114 – 2149	D 63	36	1963–64	O & K
2150 – 2185	D 63	36	1963–64	DWM
2186 – 2229	D 65	44	1965	O & K

Wagen-Nummern	Typ/Serie	Anzahl	Baujahr	Wagenkasten-Hersteller
2230 – 2235	DL 65	6	1965–66	O & K
2236 – 2303	DL 68	68	1968–70	O & K
2304 – 2371	DL 68	68	1968–70	DWM
2372 – 2431	DL 70	60	1970–71	O & K
2500 – 2501	F 74	2	1973	O & K
2502 – 2555	F 74	54	1974–75	O & K
2556 – 2607	F 76	52	1976–78	O & K
2608 – 2637	F 76	30	1976–78	Waggon Union
2638 – 2671	F 79.1	34	1980–81	Waggon Union
2672 – 2711	F 79.2	40	1979–80	O & K
2712 – 2723	F 79.3	12	1980–81	O & K
2724 – 2801	F 84	78	1984–85	Waggon Union
Kleinprofil				
999 – 984	A 3 60	16	1960–61	DWM
983 – 934	A 3 64	50	1964	O & K
933 – 912	A 3 66	22	1966	DWM
911 – 892	A 3 66	20	1966	O & K
891 – 884	A 3L 66	8	1966	O & K
883 – 794	A 3L 67	90	1967–68	O & K
793 – 656	A 3L 71	138	1972–73	O & K
655 – 640	A 3L 82	16	1982–83	Waggon Union

	Großprofil	Kleinprofil
Wagenkastenbreite	2,65 m (Serie F 84 = 2,64 m)	2,30 m
Wagenkastenlänge	15,50 m (Typ D/DL) 15,70 m (Typ F)	12,53 m
Wagenkastenhöhe	3,425 m (über Schienenoberkante)	3,18 m (über Schienenoberkante)
Höchstgeschwindigkeit	70 km/h (Serien F 79.3 und F 84 = 80 km/h)	70 km/h
Sitzplätze	36 (Typ D/DL, Serien F 79, F 84) 38 (Serien F 74, F 76)	26
Maximale Zuglänge	6 Wagen	8 Wagen
	Die Typen DL und F haben Wagenkästen in Leichtbauweise. Die Serien F 79.3 und F 84 haben Drehstromantrieb.	Der Typ A3L hat Wagenkästen in Leichtbauweise.

Hersteller:

DWM:	Deutsche Waggon- und Maschinenfabriken Berlin (jetzt Waggon Union)
O & K:	Orenstein und Koppel, Maschinenfabrik AG., Berlin
Waggon Union:	Waggon Union GmbH, Berlin (früher DWM)

Eine Bemerkung zur Schreibweise der Typenbezeichnungen: Bis Ende der fünfziger Jahre war die Schreibweise mit Großbuchstaben und römischen Kennziffern üblich, z. B. AI, AII.
Die BVG-West verwendet seitdem arabische Kennziffern, z. B. A1, A3, B2, C2.
Bei der U-Bahn-Verwaltung in Ost-Berlin werden weiterhin römische Kennziffern verwendet, z. B. EIII, GI, AI.

Ein Doppeltriebwagen der Serie F84 mit Drehstrom-Asynchron-Fahrmotoren (Wagen 2742/2743). Deutlich sind hier die neuartigen, bündig schließenden Türen zu erkennen, die dem Wagen eine glattere Außenhaut verleihen, besonders bei der Reinigung in automatischen Waschanlagen ein deutlicher Vorteil

Die U-Bahn-Fahrzeuge werden in Berlin gebaut; seit einigen Jahren allerdings nur noch von der in Berlin-Borsigwalde ansässigen Firma Waggon Union (früher Deutsche Waggon- und Maschinenfabrik [DWM]). Bis Anfang der achtziger Jahre hat sich auch die Firma Orenstein & Koppel, Berlin-Spandau, an dem Bau der Berliner U-Bahn-Fahrzeuge beteiligt. Interessante Aufnahmen entstehen gegenwärtig (1985) auf dem Werksgelände der Waggon Union: Gleichzeitig mit dem Neubau von U-Bahn-Fahrzeugen der Serie F84 (Wagennummern 2724–2801) werden die rund 55 Jahre alten S-Bahn-Trieb- und Beiwagen der Baureihe 275 einer Hauptuntersuchung unterzogen und geringfügig modernisiert

Kleinprofilzüge mit „Blumenbrettern" wurden auf der Linie E in Ost-Berlin über zwanzig Jahre eingesetzt; hier ein AI-Zug im U-Bahnhof Alexanderplatz, Bahnsteig der Linie E

Der Wagenpark in Ost-Berlin, die Altbau-Fahrzeuge

Das Kombinat VEB Berliner Verkehrs-Betriebe (BVB) verfügte nach dem Zweiten Weltkrieg für seine im Ostteil der Stadt gelegenen Strecken (die Kleinprofillinie A vom Potsdamer Platz bis Pankow und die Großprofillinie E vom Alexanderplatz bis Friedrichsfelde) zunächst nur über AI- und AII-Trieb- und Beiwagen. Die Linie A wurde gemeinsam mit Wagenmaterial der BVG(West) befahren. Bei der Friedrichsfelder Linie sahen die Verhältnisse schlechter aus. Die C3-Fahrzeuge waren im September 1945 nach Moskau abtransportiert worden, damit waren für diese Großprofilstrecke keine Fahrzeuge verfügbar. Somit wurden auf der Linie zwischen Alexanderplatz und Friedrichsfelde, wie schon einmal Anfang der zwanziger Jahre auf der städtischen Nordsüdbahn (Linie C), Kleinprofilfahrzeuge mit „Blumenbrettern" für den Ausgleich zwischen Bahnsteigkante und Wagenkante umgebaut und bis Ende der sechziger Jahre eingesetzt. Nachdem der neue Fahrzeugpark aus umgebauten S-Bahn-Wagen (Bauart EIII) einsatzbereit war, wurden diese Kleinprofilwagen wieder zurückgebaut und auf der Linie A eingesetzt. Zur weiteren Verstärkung des Fahrzeugparkes, der durch einen Großbrand in der Abstellanlage Alexanderplatz am 4. Oktober 1972 in Mitleidenschaft gezogen wurde, erwarben die BVB für ihre Kleinprofilstrecke Ende 1972 von der BVG 20 gebrauchte Trieb- und 20 Beiwagen der Bauart AII, die bei der BVG in West-Berlin durch die Inbetriebnahme von Neubau-Fahrzeugen der Bauart A3L überzählig geworden waren. Die meisten dieser ehemaligen West-Berliner Fahrzeuge sind auch gegenwärtig noch im Einsatz.

Die Bauart EIII

Bereits Mitte der fünfziger Jahre wurden bei den Berliner Verkehrs-Betrieben in Ost-Berlin Überlegungen über eine neue Großprofilbauart für die Linie E angestellt. Im Jahre 1958 wurden dann zwei von dem VEB Waggonbau Ammendorf gebaute 18 m lange Großprofil-Triebwagen (Wagen 1400 und 1402, Bauart EI) vorgestellt. Nach umfangreichen Probefahrten sollte Anfang der sechziger Jahre mit dem Bau eines neuen U-Bahn-Wagens (Bauart EI) begonnen

Die beiden Probewagen 1400 und 1402 sollten die Vorläufer einer neuen U-Bahn-Fahrzeuggeneration in Ost-Berlin sein. Hier die Einheit bei einer Vorstellungsfahrt Anfang Oktober 1958

Der Mangel an Kleinprofilfahrzeugen, verursacht durch den Brand am Alexanderplatz, führte zum Kauf von je 20 gebrauchten Trieb- und Beiwagen durch die Ost-Berliner Verkehrsbetriebe. Im November 1972 wurden diese 40 Fahrzeuge nach Ost-Berlin überführt. Mit Tiefladern wurden die Wagen von Grunewald (Bw) zur Betriebswerkstatt Seestraße überführt. Im Schlepp von Großprofilfahrzeugen wurden die AII-Wagen dann über die Linien 6–7–8 nach Ost-Berlin (Alexanderplatz) überführt. Das Bild zeigt einen derartigen Zug im U-Bahnhof Hermannplatz

S-Bahn-Wagen im U-Bahn-Tunnel

Für die Ost-Berliner Großprofil-U-Bahn-Linie E Alexanderplatz – Friedrichsfelde, deren Fahrzeuge 1945 als Reparation zur Moskauer U-Bahn gelangten und die seitdem mit Kleinprofil-U-Bahn-Wagen mit seitlich angebrachten „Blumenbrettern“ zum Profilausgleich (Bahnsteigkante) betrieben wurde sind von 1962 bis 1964 19 Viertelzüge Baureihe 168 zu Großprofil-U-Bahn-Wagen Typ E III umgebaut worden. 1965 folgte der Umbau von 3 Viertelzügen Baureihe 165 und 1967/68 der von 14 S-Bahn-Triebwagen der Baureihe 169. 1972 erfolgte nochmals ein Umbau von vier Trieb- und vier Beiwagen der S-Bahn-Baureihe 165 in U-Bahn-Wagen. Die Fotos zeigen oben einen aus Umbau des ET 165419 entstandenen U-Bahn-Triebwagen und unten einen U-Bahn-Beiwagen (ursprünglich S-Bahn-Beiwagen 168009) mit neuer EDV-Nummer

werden, die alle Erkenntnisse aus den beiden Probefahrzeugen berücksichtigte. Der ständig steigende Verkehr auf den Ost-Berliner U-Bahn-Strecken zeigte rasch Engpässe im Wagenpark auf, die nur durch neue Fahrzeuge beseitigt werden konnten. Ein neuer Fahrzeugtyp schied durch die lange Entwicklungszeit von vornherein aus, man entschloß sich daher in Ost-Berlin, für die Großprofilstrecke vorhandene nicht mehr benutzte S-Bahn-Fahrzeuge der Baureihe 168 zu U-Bahn-Wagen umzubauen.

Mitte 1962 wurde im Reichsbahnausbesserungswerk (Raw) Schöneweide mit dem Umbau der S-Bahn-Wagen begonnen, Ende 1962 wurden die ersten sechs U-Bahn-Wagen fertiggestellt (Wagennummern 1410–1415) und am 1. April 1963 erfolgte die erste Fahrt dieser Wagen des neuen Typs EIII. Entsprechend den vorhandenen S-Bahn-Fahrzeugen wurden Trieb- und Beiwagen für die U-Bahn gebaut, die 17,80 m lang und 2,60 m breit sind; Trieb- und Beiwagen sind kurzgekuppelt, nur im Triebwagen gibt es einen Führerstand. Von 1962 bis 1964 wurden 19-S-Bahn-Viertelzüge der BR 168 umgebaut, 1965 folgte der Umbau von drei Viertelzügen der BR 165 und von 1966 bis 1968 wurden weitere 14 Triebwagen der Baureihe 169 in EIII-Triebwagen umgebaut; die dazugehörigen 14 Beiwagen sind völlige Neubauten.

Somit standen ab 1968 für die Linie E 36 Trieb- und 36 Beiwagen (1410 – 1481; Tw gerade Wagennummer, Bw ungerade Wagennummer) zur Verfügung, so daß der Einsatz von Kleinprofilwagen mit „Blumenbrettern" beendet werden konnte. Durch steigende Fahrgastzahlen und die Verlängerung der Linie E bis zum Tierpark Friedrichsfelde wurden weitere U-Bahn-Fahrzeuge benötigt, so daß in einer dritten und vierten Bauserie weitere neun S-Bahn-Viertelzüge der Baureihe 165 bzw. 275 in den Jahren 1972 bis 1975 zu U-Bahn-Wagen umgebaut wurden. Die letzten fünf Umbauten fielen in die Zeit der Modernisierung von S-Bahn-Wagen der BR 277. Somit lag es nahe, die „neuen" U-Bahn-Fahrzeuge ebenfalls auf einen entsprechenden technischen Stand zu bringen. Diese bisher letzten fünf U-Bahn-Trieb- und Beiwagen (Serie EIII–4) erhielten eine moderne Innenbeleuchtung, Lautsprecher, eine optisch-akustische Türschließwarnanlage sowie die vollautomatische Scharfenbergkupplung. Damit waren auch Voraussetzungen für den Einmannbetrieb auf der Linie E geschaffen worden. Mit diesen letzten Umbauten vergrößerte sich der Großprofil-Wagenpark für die Ost-Berliner Strecke auf 45 Einheiten aus Trieb- und Beiwagen. Die 40 Einheiten der ersten drei Bauserien wurden von 1976 bis 1982 einem Modernisierungsprogramm unterworfen und der Serie EIII–4 angeglichen. Ab 1970 erhielten die Fahrzeuge eine neue Numerierung und laufen nun unter den Wagennummern 101 002 – 098 (Triebwagen, nur gerade Wagennummern) und 151 003 – 099 (Beiwagen, nur ungerade Wagennummern).

Für die geplante Verlängerung der Großprofillinie E über Biesdorf nach Hellersdorf sollen in den kommenden Jahren weitere ältere, bisher nicht modernisierte S-Bahn-Viertelzüge der Baureihe 275 zu U-Bahn-Wagen umgebaut werden.

Die GI-Fahrzeuge in Ost-Berlin

Im Frühjahr 1975 erhielten die BVB für die Kleinprofilstrecke Pankow – Thälmannplatz vier neue Doppeltriebwagen des Typs GI. Die äußeren Abmessungen entsprechen weitgehend den bisher eingesetzten Fahrzeugtypen AI/AII. Das Fahrzeugkonzept Triebwagen + Beiwagen wurde zugunsten eines vollmotorisierten Doppeltriebwagens aufgegeben. Der neue Typ GI besteht aus einem Wagen mit und einem ohne Führerstand (GIa/GIb); zwei Doppeltriebwagen bilden die kleinste Betriebseinheit als Vier-Wagen-Zug (Halbzug). Die Prototypen führen die Nummern 135 750–757.

Nach dreijähriger intensiver Erprobung des Prototypzuges begann 1978 der Serienbau dieser Fahrzeuge bei LEW Hennigsdorf. Die Serienfahrzeuge wurden etwas breiter und höher, durch die tiefer herabgezogenen Seitenfenster und die geänderte Stirnfront unterscheiden sie sich deutlich von den ersten acht Wagen. Wie bei den früheren AI/AII-Wagen wurden bei den GI-Fahrzeugen Längsitze eingebaut. Der Wagenkasten besteht aus Aluminium, ist geschweißt und im Innern mit Schalldämmung ausgekleidet. Der Doppeltriebwagen wiegt leer

Auch in Ost-Berlin sind seit Mitte der siebziger Jahre auf den Kleinprofilstrecken Neubaufahrzeuge eingesetzt. Auf der Leipziger Frühjahrsmesse im März 1975 wurden vier Wagen des neuen Kleinprofil-Typs GI (Wagennummer 135754–757) vorgestellt

35 t, die Höchstgeschwindigkeit beträgt 70 km/h, es sind 66 Sitzplätze und 108 Stehplätze vorhanden.

In mehreren Serien wurden bis Ende 1982 insgesamt 114 Wagen (57 Dtw) mit den Wagennummern 135750 – 863 von LEW Hennigsdorf an die BVB geliefert. Außerdem wurden noch weitere 24 Wagen hergestellt, die zunächst für Ost-Berlin vorgesehen waren. Infolge eines Vertrages der LEW Hennigsdorf mit der ISAP Athen wurden für die dortige Schnellbahnstrecke Piräus – Athen – Kifissia diese 24 Wagen im Frühjahr 1983 nach Griechenland ausgeliehen. Die nach geringfügigem Umbau (Höhersetzung des Wagenkastens, Anbau seitlicher „Blumenbretter") als Typ GII bezeichneten Fahrzeuge (Wagennummer in Athen 101 – 112 und 201 – 212) sind nach der Auslieferung von Neubaufahrzeugen von LEW Hennigsdorf an die Athener Schnellbahn im Jahre 1984/85 an die Ost-Berliner Verkehrsbetriebe übergeben worden.

Zur Zeit (Stand 1. Januar 1985) besteht der Wagenpark der U-Bahn in Ost-Berlin aus:

120 Kleinprofil-Wagen der Vorkriegs-Bauarten A I/A II
114 Kleinprofil-Wagen der Bauart G I

234 Wagen für die Kleinprofillinie A

90 Großprofil-Wagen der Bauart E III

Auf den beiden Ost-Berliner Strecken sind somit gegenwärtig 324 U-Bahn-Wagen eingesetzt, wobei 57 Doppeltriebwagen (GI) vorhanden sind; bei den anderen Fahrzeugen handelt es sich um Trieb- und Beiwagen.

Berliner U-Bahn-Wagen in Athen

Oben: Station Iraklion der Schnellbahn Piräus–Athen–Kifissia. Ein einsetzender GII-Zug (109/209/210/101) kommt aus der im Hintergrund erkennbaren Halle (Kehranlage); ein MAN-Schnellbahnzug des Baujahres 1958 verläßt den Bahnhof in Richtung Kifissia
Unten: Der gleiche GII-Zug hier in der Bahnhofshalle des Endpunktes Piraeus. Das Zielschild zeigt in griechischen Buchstaben den Zielbahnhof Iraklion

Historische U-Bahn-Fahrzeuge

Erfreulicherweise bewahrt die BVG einige historische Fahrzeuge aller Betriebsteile sorgfältig auf. Sie sind zur Zeit in einer Wagenhalle des Autobusbetriebshofes Britz, einem ehemaligen Straßenbahnbetriebshof, untergestellt und leider nur zu besonderen Anlässen („Tag der offenen Tür") zugänglich. In der Sammlung stehen derzeit 10 U-Bahn-Wagen, die die Entwicklung des U-Bahn-Wagenparkes verdeutlichen.

Kleinprofil

U-Bahn-Wagen aus dem ersten Beschaffungsjahr 1902 stehen nicht mehr zur Verfügung. Die Reihe beginnt mit einem A1-Triebwagen in Holzaufbau der 14. Lieferung Nr. 201 aus dem Jahr 1913, der mit einem Beiwagen der 6. Lieferung Nr. 559 aus dem Jahr 1908, ebenfalls mit Holzaufbau, gekuppelt ist. Es schließt sich ein A1-Stahlzug der 18. Lieferung beim Triebwagen Nr. 32 aus dem Jahr 1926 bzw. der 16. Lieferung beim Beiwagen an. Der hier ausgestellte Beiwagen 747 ist in eigener Werkstatt nach schwerer Zerstörung im Jahr 1949 aus dem Beiwagen 705 (Bauart 1924) wieder aufgebaut worden. Der A2-Triebwagen Nr. 382 aus dem Jahr 1928/29 und Umbau 1964/65 ist erst nach Außerbetriebssetzung Ende April 1973 nach Britz überführt worden und konnte daher nicht in der historischen Reihenfolge eingereiht werden.

Großprofil

Hier ist die Entwicklung vollständig. Ein B1-Zug, sogenannte Tunneleule, Triebwagen der 1. Lieferung Nr. 35 aus dem Jahr 1924 sowie Beiwagen der 3. Lieferung Nr. 233 aus dem Jahr 1925, ist in Britz aufgestellt, nachdem diese Fahrzeuge am 2. Juni 1969 zum letzten Mal auf der Linie 6 eingesetzt waren. Von der wesentlich verbesserten Serie der zwei Jahre später beschafften B2-Züge der 8. Lieferung, die nicht mit den B1-

Nur am „Tag der offenen Tür" zu besichtigen: A1-Triebwagen Nr. 201 zwischen dem Straßenbahn-Gelenkwagen (links) und verschiedenen Autobussen (rechts) des Betriebshofes Britz

Zügen kuppelbar waren, ist ebenfalls ein Zug Nr. 118 und Nr. 298 in den historischen Wagenpark eingereiht. Den Abschluß bildet der 18 m lange Triebwagen C2 der 10. Lieferung Nr. 1352 aus den Jahren 1929/30, in Betrieb auf der Linie 8 bis zum 30. April 1975. Diese zweimotorigen Triebwagen waren nur für den reinen Triebwagenbetrieb konzipiert, wobei bis zu 6 Triebwagen zu einem Zug gekuppelt wurden.

Neben diesen im Betriebshof Britz stehenden Museumswagen werden noch einige Fahrzeuge für Sondereinsätze bei historischen Anlässen aufbewahrt, es können je ein Vier-Wagen-Zug der Baureihen A1, A2 und B2 gebildet werden.

Die Arbeitsfahrzeuge

Neben den Fahrzeugen für die Personenbeförderung werden im U-Bahn-Betrieb auch – für innerbetriebliche Zwecke – Arbeitsfahrzeuge benötigt. Diese Fahrzeuge bleiben den meisten

Arbeitstriebwagen 1012, Umbau aus einem AI-Triebwagen des Baujahres 1908/10 für den Schienenschleifzug der Großprofilstrecken, 1965 ausgemustert

Hilfsgerätewagen der Werkstatt Warschauer Brücke. Der Wagen wurde zwischen zwei Triebwagen Bauart AI gekuppelt oder von einer Speicher-(Akkumulatoren-)Lokomotive geschleppt

Nicht aus dem Museum, sondern noch heute auf der im Ostteil Berlins befindlichen Kleinprofilstrecke im Einsatz ist diese Arbeitslore, die noch aus der Zeit des ersten Hoch- und Untergrundbahnbaues stammt

Fahrgästen häufig verborgen, da der Einsatz meistens nur in der nächtlichen Betriebspause erfolgt. Daher sind auch Unterlagen über Arbeitsfahrzeuge spärlich.

Aus der Frühzeit der U-Bahn sind durch Fotos einzelne zweiachsige Güterwagen bekannt, auch die Probefahrzeuge der Hochbahn und der Nordsüdbahn wurden später als Arbeitsfahrzeuge benutzt. In den zwanziger Jahren wurden auch mehrere Spezialfahrzeuge beschafft. Besonders seit den sechziger Jahren wurden ausgemusterte Personenfahrzeuge zu Arbeitsfahrzeugen umgebaut. Seit einiger Zeit werden auch

Die Beseitigung des auf den Kleinprofilstrecken anfallenden Bremsstaubes bedeutete bis zum Einsatz der mit Scheibenbremsen ausgerüsteten Neubaufahrzeuge (ab 1960) ein besonderes Problem. Jedes Jahr mußten bis zu 300 t gußeiserne Bremsklötze an den Fahrzeugen ersetzt werden, von denen rund ⅔ zu Metallstaub zerrieben wurden. Um diese Verstaubung der Gleis- und Tunnelanlagen zu beenden, entwikkelte die BVG ab 1938 Bremsklötze aus ölimprägniertem Holz. Außerdem wurde als Ersatz für ein älteres Staubsaugerfahrzeug auf einem Beiwagen-Untergestell der 14. Lieferung (Bw 89) ein Tunnelentstaubungsfahrzeug (1008) mit hub- und schwenkbaren Arbeitsbühnen mit sieben Anschlüssen für die von Hand zu führenden Absaugschläuche im Jahre 1940 in Dienst gestellt. Das Bild zeigt das im Jahre 1972 ausgemusterte Fahrzeug im Zustand der fünfziger Jahre

Hilfsgeräte-Triebwagen 1005, Umbau aus dem Triebwagen 96, Bauart AIT, 7. Lieferung, Baujahr 1908. Ein zweiter zusätzlicher Fahrerstand ermöglichte das Fahren von jeder Stirnseite aus. Im Einsatz war dieses Fahrzeug stets mit einem zweiten normalen AI-Triebwagen gekoppelt; dieser Hilfsgeräte-Triebwagen wurde im Jahre 1978 verschrottet. Hier weist er noch das erste Wappen der BVG von 1929 auf

Der neue Hilfsgerätezug (4001 + 4002 + 4003) wurde 1978 aus den AI-Triebwagen 444, 289 und 302 umgebaut. Abgebildet ist der aus dem Triebwagen 289 (AIT, Baujahr 1926) entstandene Hilfsgeräte-Triebwagen 4002 in der neuen orangefarbenen Lackierung der BVG-Arbeitsfahrzeuge. Von 1968 bis 1977 war dieses Fahrzeug als Rangiertriebwagen 1015 in der Hw/Bw Grunewald im Einsatz

Speicher-(Akkumulatoren-)Lokomotive 1211, mit Thyristorsteuerung (jetzt 4052)

Von 1965 bis 1972 wurde dieser Schienenschleifzug für die Großprofilstrecken eingesetzt. Der Schleifzug hatte die Zusammensetzung Steuerwagen mit Schleifeinrichtung – Triebwagen – Steuerwagen mit Schleifeinrichtung, die Fahrzeuge waren dementsprechend umgebaute Trieb- und Steuerwagen der Bauart B1

Schienenschleifzug für die Kleinprofilstrecken des Berliner U-Bahn-Netzes. Der Arbeitstriebwagen 1006 ist ein Umbau eines AI-Triebwagens der Baujahre 1908/10; der Umbau beinhaltete neben anderem den Einbau eines zweiten Fahrerstandes und einer der Arbeitsgeschwindigkeit (2–3 km/h) entsprechenden Zahl von Widerständen, deren Wärmeabgabe über die unter den Fenstern angebrachten Lüftungsschlitze erfolgte. Auf dem turmartigen Aufbau auf dem Dach des Schleifwagens befindet sich die gegen das Überfahren eines Halt zeigenden Signals übliche Fahrsperre. Dieser Schleifzug wurde im Herbst 1972 ausgemustert

Aus Drehgestellen ausgemusterter U-Bahn-Wagen entstanden Anfang der siebziger Jahre in der Hauptwerkstatt Grunewald einige Kipploren

wieder neugebaute, für bestimmte Zwecke konstruierte Spezialfahrzeuge eingesetzt.

Für die Arbeitsfahrzeuge wurden anfangs 1000er-Nummern benutzt, Mitte der siebziger Jahre wurden dann diese bei der BVG umbenannt in 4000er-Wagennummern. Bei den BVB in Ost-Berlin wurden die Arbeitsfahrzeuge bei der Einführung der sechsstelligen EDV-Wagennummer (und einer Kontrollziffer) im Jahre 1970 mit den Ordnungsnummern 710 bis 719 bezeichnet.

Die im Bestand der BVG und der BVB geführten größeren Arbeitsfahrzeuge sind in den beiden folgenden Tabellen aufgeführt.

Dieselhydraulische Lokomotive 4072 (Hersteller Orenstein & Koppel, Baujahr 1973, 250 PS) für den freizügigen Einsatz auf Groß- und Kleinprofilstrecken

Arbeitsfahrzeuge BVG (Stand 1. Januar 1985)

Fahrzeugart Fahrzeugnummer	Anzahl der Fahrzeuge K	 G	 B
Hilfsgerätezug, bestehend aus 3 Wagen 4001 + 4002 + 4003	1		
Hilfsgerätezug, bestehend aus 2 Wagen 4004 + 4005, 4006 + 4007		2	
Schleifzug, bestehend aus 3 Wagen 4010 + 4011 + 4012	1		
Schienenbearbeitungsmaschine 4090			1
Stromschienenschleifzug, bestehend aus 2 Wagen 4021 + 4022	1		
Akkulok, Baujahr 1948 1200	1		
Akkulok, Baujahr 1967 4052		1	
Akkulok, Baujahr 1980 4050, 4051			2
Wartungsfahrzeug 4060, 4061			2
Diesellokomotive 4070 – 4073			4
Rottenkraftwagen 4081, 4082			2
Profilmeßwagen 4190, 4191	1	[illegible]	
Tieflade-/Gerüstwagen (im Bau) 4192			1
Gleismeßwagen (im Bau) 4195			1
Schienenmeßwagen 1037	1		
Plattformwagen 4100 – 4119, 1017, 1063, 1287, 1290, 1291, 1050 + 1051		[illegible]	25
Tiefladewagen 1002			1
Kranwagen 4193	1		
Schienentransportwagen 1216			1
Spitzenfahrzeug 4150 – 4155			6
Werkzeuglore (z. T. im Bau) 4120 – 4123, 1031, 1032, 1065 – 1067, 4311			10
Kabellore 1027 – 1030, 1039, 4132, 4351	1		6

K = für Kleinprofilstrecken, G = für Großprofilstrecken, B = auf Klein- und Großprofilstrecken einsetzbar

Arbeitsfahrzeuge BVB (Stand 31. Dezember 1982)

Fahrzeugart Fahrzeugnummer	Anzahl der Fahrzeuge
Rangiertriebwagen für Bw Fi 710004, 009, 010, 013, 014, 015	6
Überführungstriebwagen für Kleinprofilwagen 710002, 005, 006, 007, 011, 012	6
Stromschienen-Schmierzug, bestehend aus 2 Triebwagen 711010 + 011	1
Hilfsgerätezug-Triebwagen 712002, 004	2
Akkulok, Baujahr 1958 713014	1*)
Schleifwagen 716031	1*)
Werkzeugloren 718081, 083, 718091	2 1*)
Entstaubungswagen 719001	1

*) nur für Großprofil

In der Betriebswerkstatt Grunewald zieht ein Robotfahrzeug den A3-Zug durch die Waschanlage

Überführungsfahrzeug (Stromwagen) 710007–5 (ex Tw 24) mit einem GI-Zug in der Bw Friedrichsfelde im Oktober 1979

Stromwagen für AI-Fahrzeuge. Dieses Fahrzeug wurde für die Schöneberger U-Bahn gebaut (Tw 12) und später bei der BVG als Triebwagen 359 geführt

Technik und Betrieb

Haupt- und Betriebswerkstätten

Die Wartung der U-Bahn-Wagen erfolgt in Haupt- und Betriebswerkstätten. Die im Westteil der Stadt eingesetzten Kleinprofil-Fahrzeuge werden in der Haupt- und Betriebswerkstatt Grunewald, die Großprofilwagen in der Haupt- und Betriebswerkstatt Seestraße sowie in der Betriebswerkstatt Britz unterhalten; die in Ost-Berlin verkehrenden Klein- und Großprofilfahrzeuge in der Betriebswerkstatt Friedrichsfelde, die Hauptuntersuchungen erfolgen im Reichsbahnausbesserungswerk (Raw) Berlin-Schöneweide. Eine kleine Betriebswerkstatt am U-Bahnhof Rosa-Luxemburg-Platz bietet Aufstellmöglichkeit für einen Vier-Wagen-Zug und gestattet kleinere Reparaturen und Durchsichten an den Kleinprofilfahrzeugen der BVB. Seit August 1961, dem Bau der Mauer, ist die Betriebswerkstatt Warschauer Brücke geschlossen. Die Ende der zwanziger Jahre östlich des U-Bahnhofes Grenzallee am Neuköllner Schiffahrtskanal geplante Betriebswerkstatt wurde nicht ausgeführt. Langfristig ist eine weitere Betriebswerkstatt am geplanten südlichen Ende der Linie 9 in Marienfelde an der Stadtgrenze vorgesehen.

In den Hauptwerkstätten werden die Hauptuntersuchungen der Fahrzeuge nach gesetzlich festgelegten Fristen durchgeführt (500 000 Laufkilometer, höchstens acht Jahre), ebenso serienmäßige Um- oder Einbauten größeren Umfanges, Auswechslungen oder Instandsetzungen von Großteilen sowie Reparaturen, bei denen die Wagenkästen von den Drehgestellen abgehoben werden müssen.

In den Betriebswerkstätten werden die U-Bahn-Wagen betriebssicher und einsatzfähig gehalten. Dabei werden durch Sicht- und Funktionskontrollen die Verschleißteile, Brems-, Sicherheits- und Türschließanlagen gewartet, überprüft und auch kleinere Reparaturen sowie Revisionen vorgenommen.

Betriebswerkstatt Warschauer Brücke

Die Werkstätten für die Wartung und ein Schuppen zum Abstellen der Fahrzeuge der ersten Berliner Hoch- und Untergrundbahnstrecken waren an der östlichen Endstation, dem Bahnhof Warschauer Brücke eingerichtet. Der 106 m lange, 16,5 m breite Schuppen bot mit seinen vier nebeneinander liegenden Gleisen 32 Wagen Platz.

Die Werkstatt befand sich unter dem in drei Schiffe aufgeteilten Schuppen. Im Mittelschiff des Schuppens war ein Laufkran angeordnet, mit dem einzelne Teile der Wagen durch eine Aufzugsöffnung zwischen Werkstatt und Schuppen gehoben werden konnten.

Im September 1901 wurde in der Werkstatt Warschauer Brücke mit der Montage der Fahrzeuge für die Betriebseröffnung der ersten Strecken (Februar 1902) begonnen.

Auch die Straßenbahn-Trieb- und Beiwagen der „Flachbahn der Hochbahngesellschaft", der Straßenbahn-Anschlußlinien Hochbahnhof Warschauer Brücke – Lichtenberg (später Straßenbahn-Linie 90), waren in der Werkstatt Warschauer Brücke beheimatet.

Ein zweiter kleinerer Wagenschuppen für drei Züge (neun Wagen) wurde im Gleisdreieck errichtet. Diese Abstellhalle wurde um 1910 im Zusammenhang mit dem Umbau des Gleisdreiecks aufgehoben.

Mit dem Bau der Mauer und der damit verbundenen rigorosen Sperrung der Sektorengrenze zwischen Ost- und West-Berlin am 13. August 1961 war die Betriebswerkstatt Warschauer Brücke von Westen nicht mehr erreichbar. Sie wurde stillgelegt, da sie von Osten her keinen Gleisanschluß hat.

Bahnhof Grenzallee mit der geplanten, aber nicht ausgeführten Betriebswerkstatt

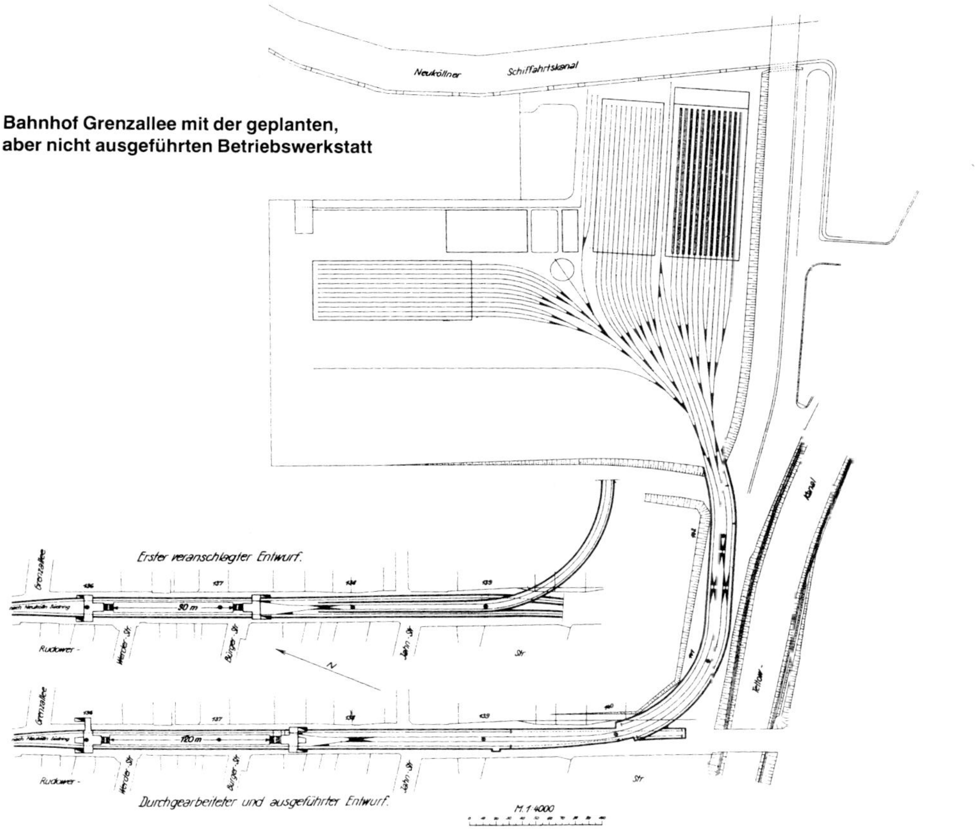

Haupt- und Betriebswerkstatt Grunewald

Die günstige Verkehrsentwicklung und das damit verbundene schnelle Anwachsen des Fahrzeugparks erforderten eine Entlastung der Werkstatt Warschauer Brücke mit ihren unzureichenden Werkstatt- und Aufstellräumen. Mit dem Ausbau der nach Westen führenden Stammbahn wurde 1912 die am heutigen Bahnhof Olympia-Stadion auf einem 14 ha großen Gelände befindliche Haupt- und Betriebswerkstatt Grunewald (HwU und BwGru) errichtet und im Januar 1913 in Betrieb genommen. Hier sollten künftig alle größeren Reparaturen und Revisionen erfolgen. Heute werden hier alle Kleinprofil- und Arbeitsfahrzeuge der BVG in der vier Hallen umfassenden Haupt- und Betriebswerkstatt gewartet.

Zur Hauptwerkstatt Grunewald gehören zwei Hallen mit zusammen 10 400 m². In Halle 1 werden Reparaturen und Hauptuntersuchungen an Wagenkästen und an den elektrischen Anlagen ausgeführt; in Halle 2 erfolgt Reparatur und Überholung der Drehgestelle einschließlich der Motoren und Getriebe auch der Großprofilfahrzeuge.

Die Betriebswerkstatt Grunewald umfaßt die Hallen 3 und 4. Eigentliche Arbeitshalle ist die Halle 3, während in der Halle 4 in verkehrs-

Gelände der Haupt- und Betriebswerkstatt Grunewald in den fünfziger Jahren; nur AI- und AII-Fahrzeuge sind im Bereich der Werkstatt abgestellt. Die drei Schornsteine im Hintergrund gehören zum Kraftwerk Reuter

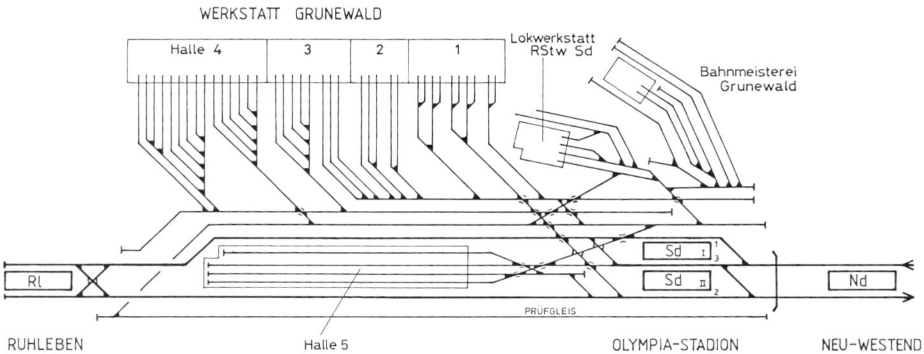

Gleisplan der HwU/Bw Grunewald (1984)

schwachen Zeiten und nachts Züge abgestellt werden.

Eine weitere, zwischen den Streckengleisen nach Ruhleben in den Jahren 1984/85 gebaute Halle dient dem schnellen Bereitstellen von Zügen, unter anderem bei Veranstaltungen im Olympia-Stadion.

Zwischen den Bahnhöfen Olympia-Stadion und Ruhleben befindet sich ein 867 m langes Prüfgleis für Abnahme- und Versuchsfahrten von Kleinprofilfahrzeugen.

Betriebswerkstatt Krumme Lanke

Gleichzeitig mit der Fertigstellung der Verlängerungsstrecke der Dahlemer U-Bahn bis Krumme Lanke wurde auch die Betriebswerkstatt Krumme Lanke am 22. Dezember 1929 in Betrieb genommen, während die 1913 für die Dahlemer U-Bahn am Bahnhof Thielplatz eingerichtete provisorische Betriebswerkstatt aufgegeben wurde.

Die Betriebswerkstatt Krumme Lanke umfaßte für die Wartung des Wagenparks zwischen den Hauptuntersuchungen, die in der Hauptwerkstatt Grunewald erfolgten, eine Wagenhalle für vier 8-Wagen-Züge mit den notwendigen Werkstatteinrichtungen einschließlich einer Radsatzschleifmaschine für die Beseitigung flacher Stellen an den Radreifen. Außerdem war hier ebenso wie bei allen anderen Betriebswerkstätten ständig ein einsatzbereiter Hilfsgerätewagen stationiert, der bei einem eventuellen Unfall sofort an die Unglücksstelle gebracht werden konnte.

Mit der fortschreitenden Modernisierung des Fahrzeugparks, der immer weniger Wartungsarbeiten erforderte, gingen die Dienstleistungen der Betriebswerkstatt Krumme Lanke zurück, so daß sie am 1. Mai 1968 stillgelegt werden konnte. Die Wartungsarbeiten gingen an die Betriebswerkstatt Grunewald über, die Wagenhalle wird heute zum Abstellen von Zügen bzw. Zugteilen in verkehrsschwachen Zeiten und während der Betriebspausen benutzt.

Haupt- und Betriebswerkstatt Seestraße

Die heute als HwU See bzw. Bw See bezeichnete Haupt- und Betriebswerkstatt entstand gleichzeitig mit der Nordsüdbahn Seestraße – Bergstraße. Bei der Planung der Werkstätten berücksichtigte man bereits die Absicht, zu einem späteren Zeitpunkt 18 m lange Fahrzeuge einzusetzen. Die 73 m breite Werkstatthalle ist in vier Schiffe unterteilt, die Wagenkästen durchlaufen die Hallenschiffe 1 und 2, in den Schiffen 3 und 4 befinden sich Reparaturstände für Motoren, Fahrschalter, Schütze usw., Arbeitsstände für Druckluftbremseinrichtungen, Radsätze und Getriebe. Auf zwei Gleisen erfolgt die Demontage und Montage der Wagenkästen.

Die neben der Hauptwerkstatt gelegene Betriebswerkstatt mit Wagenhalle besitzt 20 Gleise, von denen 16 mit Arbeitsgruben ausgestattete der Wartung dienen, während weitere drei

Überholungsarbeiten an Kleinprofilfahrzeugen (Doppeltriebwagen 974/975) in der Hauptwerkstatt Grunewald (HwU Gru)

Auch die Hallen der Betriebswerkstatt Seestraße waren während des Zweiten Weltkrieges zerstört worden. Das Bild zeigt den Beginn der Wiederaufbauarbeiten im Jahre 1950

Gleise nur zu Abstellzwecken zur Verfügung stehen. Das Gleis 20 ist für Versuchs-, Prüf- und Abnahmefahrten eingerichtet. Neben dem Tunnelmund der beiden Zufahrtgleise ist eine Drehscheibe angeordnet.

Das durch die angrenzende Bebauung stark eingeengte Gelände der U-Bahn-Werkstätten Seestraße weist eine dementsprechend angepaßte Gleisanlage auf, die häufige Umsetzfahrten erfordert. Durch Grundstückserwerb und Abriß des auf dieser Fläche befindlichen Schulgebäudes sind Anfang der siebziger Jahre Erweiterungsmöglichkeiten für die U-Bahn-Großprofilwerkstätten Seestraße geschaffen worden.

Betriebswerkstatt Friedrichsfelde

Mit dem Anwachsen des U-Bahn-Netzes vermehrte sich auch die Zahl der Betriebswerkstätten. 1930 entstand östlich des Bahnhofes Friedrichsfelde in mehreren Bauabschnitten die Betriebswerkstatt Friedrichsfelde mit einer Kapazität von 96 Wagen, erforderlicher Abstellhalle, Prüfgleis und motorisch angetriebener Drehscheibe.

Heute werden dort die in Ost-Berlin eingesetzten Groß- und Kleinprofil-Fahrzeuge unterhalten. Die Kleinprofil-Fahrzeuge werden über die am Bahnhof Alexanderplatz befindliche Verbindungskurve A/E in die Werkstatt überführt; in dem Verbindungstunnel werden die Stromabnehmer der Kleinprofil-Fahrzeuge demontiert und die Fahrzeuge im Schlepp eines Überführungsfahrzeuges (ältere umgebaute AI/AII-Fahrzeuge) nach Friedrichsfelde gebracht.

Betriebswerkstatt Britz

Der Ausbau des West-Berliner U-Bahn-Großprofilnetzes ab 1953 erforderte zur Entlastung der Bw See eine weitere Betriebswerkstatt. Diese entsteht in mehreren Baustufen im Süden Berlins an der Linie U7 Rudow – Charlottenburg – Spandau. Mit dem Bau wurde im Januar 1965 begonnen. Der erste Bauabschnitt konnte am 2. Januar 1970, der zweite im Januar 1971 dem Betrieb übergeben werden. Ein dritter Bauabschnitt ist seit Sommer 1984 in Bau.

Die Betriebswerkstatt Britz (Bw Br) umfaßte nach Fertigstellung der zweiten Ausbaustufe von 1971 bis 1985 eine Freiaufstellfläche, die auf neun Gleisen 76 Wagen Platz bot und eine Werkstatthalle mit acht Gleisen für je sechs Wagen. Zu Prüf- und Erprobungszwecken standen bislang zwei Gleise mit Längen von 435 m und 350 m zur Verfügung.

Die Betriebswerkstatt Britz umfaßt Erweiterungsmöglichkeiten für etwa 600 U-Bahn-Wagen; beim dritten Bauabschnitt wird die Werkstatthalle um zehn Gleise erweitert werden und im Freigelände werden weitere Aufstellgleise geschaffen.

Stromversorgung

Von Anbeginn an wird die Berliner U-Bahn mit Gleichstrom mit einer Spannung von 750 V betrieben. Für die ersten Hoch- und Untergrundbahnstrecken wurde ein eigenes „Hochbahnkraftwerk" in der Trebbiner Straße am Gleisdreieck im Mittelpunkt der damaligen drei Strecken errichtet. Mit der Erweiterung des U-Bahn-Netzes entstand ein weiteres Kraftwerk an der Unterspree in Spandau (Ruhleben), das Strom mit einer Spannung von 10000 V und der damals üblichen Frequenz von 40 Hz erzeugte, der über die Umformerwerke Deutsches Opernhaus und Senefelderplatz in das Stromschienennetz eingespeist wurde. Die von der Stadt Schöneberg, von Wilmersdorf und Dahlem gebauten eigenen U-Bahnen bezogen ihren Strom direkt als Gleichstrom vom Kraftwerk Südwest. Die Stadt Berlin entschloß sich für die Versorgung der von ihr gebauten Nordsüdbahn zum Bezug von Hochspannungsdrehstrom aus den städtischen Elektrizitätswerken und richtete die Umformerwerke Wedding und Hallesches Tor ein. Auch die Linien Gesundbrunnen – Neukölln und Alexanderplatz – Friedrichsfelde erhielten von der BEWAG, der städtischen Berliner Elektrizitäts-Werke AG, über Umformerwerke die benötigte Energie.

Heute erfolgt die Versorgung der U-Bahn-Anlagen ausschließlich aus dem öffentlichen Stromversorgungsnetz. Die Übernahme erfolgt in BVG-eigenen Gleichrichterwerken. Von einer zentralen Steuerstelle am U-Bahnhof Turmstraße werden in West-Berlin die Gleichrichterwerke – seit dem Jahre 1977 alle mit Silizium-Gleichrichtern ausgerüstet – fernbedient und überwacht. In Ost-Berlin wurde eine ähnliche Steuerzentrale für die Gleichrichterwerke am U-Bahnhof Alexanderplatz geschaffen.

Die Gleichrichterwerke befinden sich in Abständen von zwei bis vier Kilometern entlang der Strecken. Dabei versorgt ein Gleichrichterwerk im Normalfall zwei, an Streckenkreuzungspunkten vier Bahnspeisebezirke mit Triebstrom. Bahnspeisebezirke können einseitig von einem oder zweiseitig von zwei Gleichrichterwerken gespeist werden.

Die Polarität der Stromschiene ist auf den Großprofilstrecken negativ, auf den Kleinprofilstrekken in West-Berlin positiv. Auf der Kleinprofilstrecke in Ost-Berlin ist die Polarität vor einiger Zeit der der Großprofilstrecken angeglichen worden.

Im Jahre 1971 entfiel 82% des Strombezuges auf Triebstrom, der Rest auf Zugsicherungsanlagen, die elektrischen Anlagen in Werkstätten, Bahnhöfen und Tunnelanlagen sowie den Eigenbedarf der Gleichrichterwerke.

Zugsicherungsanlagen

1928 war die einheitliche Ausstattung aller Hoch- und Untergrundbahnstrecken mit Lichtsignalen und mechanischer Fahrsperre abgeschlossen. Bis dahin hatten Formsignale auf den Hochbahn- und Lichtsignale in den Tunnelstrecken die Freigabe oder Sperrung der Fahrwege angezeigt. Schon 1913 war auf dem Strekkenabschnitt Spittelmarkt – Nordring (Schönhauser Allee) die selbsttätige Streckenblockung eingeführt worden, bei der die Züge auf der Strecke selbst die Bedienung der Signale und damit die Sicherung ihrer Fahrt übernehmen.

Die Strecken sind in Gleisabschnitte (Blockabschnitte) unterteilt, die von je einem Hauptsignal (Blocksignal) gedeckt werden. Jedes Hauptsignal ist mit einer Fahrsperreneinrichtung (in West-Berlin magnetisch, in Ost-Berlin, auch auf den durch Ost-Berlin führenden Abschnitten der West-Linien 6 und 8 mechanisch) ausgestattet, die bei Vorbeifahrt eines Zuges an einem „Halt"-zeigenden Signal eine Zwangsbremsung auslöst. Die Hauptsignale zeigen erst dann „Fahrt", wenn sichergestellt ist, daß der zugehörige Blockabschnitt nicht besetzt ist und das nachfolgende Hauptsignal die Deckung des vorausfahrenden Zuges übernommen hat.

Zahl und Standorte der Signale bestimmen dabei die Leistungsfähigkeit der Strecken, die ge-

Form-Ausfahrsignale im Bahnhof Warschauer Brücke, ca. 1903

Auf den Kleinprofilstrecken standen bis in die zwanziger Jahre Formsignale (Bild links). Die anschließend eingeführten Lichtsignale besaßen ebenfalls die mechanische Fahrsperre in Höhe des Fahrzeugdaches (Bild rechts); heute ist ein Großteil der Strecken mit der elektromagnetischen Fahrsperre und moderneren Lichtsignalen ausgerüstet

genwärtigen Anlagen sind für eine 90-Sekunden-Zugfolge ausgelegt.

Die Gleisfreimeldung erfolgt größtenteils über Gleisstromkreise, d. h. durch Kurzschluß eines in den Fahrschienen fließenden Wechselstroms, hergestellt durch die Achsen des Zuges. Daneben werden aber auch andere Verfahren, Ton-Frequenz-Kreise und in den Betriebswerkstätten elektronische Achszähleinrichtungen angewendet.

Durch die Einführung von Schutzstrecken hinter den Ausfahrtsignalen wäre es nicht mehr möglich gewesen, die Zugfolgezeit von 90 Sekunden einzuhalten. Um bei diesem Wert zu bleiben, wurden seit 1967 auf einigen Streckenabschnitten Einfahrtsignale mit Überwachungseinrichtungen ausgerüstet, die die Geschwindigkeit vorbeifahrender Züge kontrollieren und gegebenenfalls eine Zwangsbremsung auslösen.

Bahnhöfe mit Weichen haben stellwerksbediente Hauptsignale, die Selbstblocksignale befinden sich nur zwischen den einzelnen Stellwerksbereichen. In einem 15-Jahres-Programm wurde Anfang der siebziger Jahre mit der Einrichtung von regionalen Stellbereichen begonnen, die von einem zentralen Stellwerk aus – dem Regionalstellwerk (RStw) – größere Streckenbereiche überwachen. Am 4. Januar 1971 wurde als erstes Regionalstellwerk der Bereich Tempelhof mit den Bahnhöfen Platz der Luftbrücke (damals Flughafen) und Tempelhof in Betrieb genommen. Vor Inbetriebnahme des RStw waren in den U-Bahnhöfen elektromechanische Hebelstellwerke aus den Jahren 1927 und 1929 installiert gewesen. Als zweites Regionalstellwerk wurde in den Jahren 1971 bis 1973 das RStw Nollendorfplatz eingerichtet, dessen Stellbereich acht Bahnhöfe (Kurfürstenstraße, Nollendorfplatz, Wittenbergplatz, Kurfürstendamm/oben, Viktoria-Luise-Platz, Bayerischer Platz/oben, Rathaus Schöneberg und Innsbrukker Platz) mit den entsprechenden Streckenabschnitten (Linien U1 – U4) zentral steuert. Auch hier wurden die aus dem Jahre 1926 stammenden elektromechanischen Hebelstellwerke der einzelnen Bahnhöfe durch moderne Spurplan-Drucktastenrelaisstellwerke im Regionalstellwerk ersetzt.

In den folgenden Jahren kamen dann die Regionalstellwerke Seestraße (mit Betriebs- und Hauptwerkstatt), Fehrbelliner Platz (Linie 2), Deutsche Oper, Krumme Lanke, Hermannplatz und Olympia-Stadion im Bereich des alten U-Bahn-Netzes dazu. Beim Streckenneubau wurden zudem die Regionalstellwerke Osloer Straße (Linie 8 und 9), Jungfernheide (Linie 7) und im Jahre 1984 Rathaus Spandau (Linie 7) eingerichtet. Während die alten elektromechanischen Hebelstellwerke entfielen, wurden die teilweise vorhandenen Drucktastenrelaisstellwerke der modernen Bauform der fünfziger und sechziger Jahre von den RStw aus ferngesteuert.

Im Mai 1983 wurde das vorletzte elektromechanische Hebelstellwerk (für den Bahnhof Olympia-Stadion, die Betriebswerkstatt und Haupt-

Diese Aufnahme vom April 1963 zeigt die mechanische Fahrsperre der Großprofilstrecke. Heute sind nur noch auf den Strecken in Ost-Berlin mechanische Fahrsperren vorhanden, auch auf den beiden Transitstrecken. Alle Großprofilfahrzeuge haben deshalb auch jetzt noch – neben der Einrichtung für die elektromagnetische Fahrsperre – die Auslösevorrichtung für die mechanische Fahrsperre

Einfahrsignal der Kehr- und Abstellanlage Bahnhof Leopoldplatz (unten, Linie 9). Auf dem Leuchttableau über dem Gleis werden dem Fahrer weitere Informationen angezeigt

Hauptsignal (Bahnhofs-Ausfahrsignal) der Großprofilstrecken. Das unterste weiße Blinklicht übermittelt dem Fahrer den vom Zugabfertiger erteilten Abfahrauftrag. Die Großprofilstrecken werden seit 1960 mit induktiver Zugsicherung ausgerüstet, deshalb fehlt bei den Signalen an den umgestellten Großprofilstrecken der Anschlag der mechanischen Fahrsperre neben den Gleisen

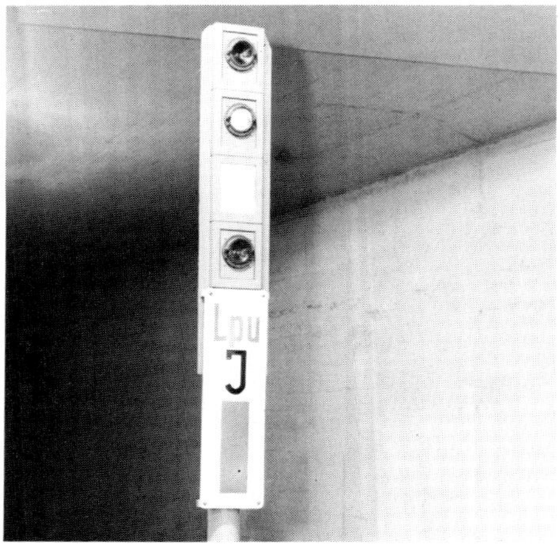

werkstatt Grunewald) durch ein Regionalstellwerk ersetzt; dieses RStw hat die Überwachung der Strecke und der Bahnhöfe Neu-Westend, Olympia-Stadion und Ruhleben sowie der Gleisanlagen der Bw und Hw Grunewald übernommen. Die im Jahre 1931 installierte Stellwerksanlage am Bahnhof Olympia-Stadion, das damals größte Kleinbahnstellwerk Europas, bleibt als technisches Denkmal erhalten.

Bis auf die alten Anlagen in Gleisdreieck und Kottbusser Tor sind somit alle Hebelstellwerke durch neuere Anlagen ersetzt worden; die beiden erwähnten Anlagen werden im Laufe des Jahres 1986 durch das RStw Prinzenstraße abgelöst. Die Relaisstellwerke und die sie verbindenden Selbstblockstrecken können mit hoher Zuverlässigkeit über die Fernsteueranlagen der Regionalstellwerke überwacht und bedient werden. Die örtlichen Stellwerke – jetzt Stellbereich genannt – in den U-Bahnhöfen sind unbesetzt.

Auf der Linie 9 wurde durch die Einrichtung eines übergeordneten Linienstellwerkes (LStw) – auch für die Linienzugbeeinflussung – Mitte der siebziger Jahre ein weiterer Schritt getan, um die Überwachung des Betriebsablaufes im Berliner U-Bahn-Netz zu zentralisieren.

In den neunziger Jahren sollen dann die älteren Drucktastenstellwerke, die nicht von einem Regionalstellwerk aus ferngesteuert werden (Tegel, Kurt-Schumacher-Platz, Alt-Mariendorf, Britz-Süd), durch eine noch in der Erprobung stehende neue Generation von Stellwerken ersetzt werden.

Auf dem Bahnhof Uhlandstraße wurde im März 1983 ein elektronisches Stellwerk, die neueste Entwicklung auf dem Gebiet der Stellwerkstechnik, vorgestellt. Hier gibt es keine großen Gleisbildtafeln und Stelltische mehr, vielmehr werden die Stellbefehle über eine kleine alphanumerische Tastatur gegeben, ein Farbbildschirm zeigt das Gleisbild mit allen wichtigen Daten.

Das neue Stellwerk läuft parallel zur vorhandenen elektromechanischen Anlage. Es sind jeweils zwei Signale bzw. Weichenantriebe vorhanden, wobei die an das elektronische Stellwerk angeschlossenen Signale abgedeckt und die Weichenantriebe nicht mit der Weiche ver-

Die Stellbefehle für die Weichen und Signalanlagen werden über eine alphanumerische Tastatur eingegeben. Der Farbbildschirm zeigt das Gleisbild mit allen wichtigen Daten

bunden sind. Die Erprobung des elektronischen Stellwerks wird erst Ende der achtziger Jahre abschlossen sein.

Der automatische Zugverkehr auf der Linie U9

Der Wunsch nach einer kontinuierlichen Zugbeeinflussung, die an jeder Stelle der Strecke auch eine Geschwindigkeitskontrolle ermöglicht, ist nicht neu. Bereits zu Beginn der dreißiger Jahre wurden bei der U-Bahn Versuche mit einem zwischen den Schienen verlegten Linienleiter durchgeführt und in den Jahren 1958/59 folgten weitere Versuche, um Signalbegriffe direkt in das Fahrzeug zu übermitteln. Die schnelle Entwicklung in der Halbleitertechnik führte dann im Jahre 1967 auf der U-Bahn-Linie 9 zur Einrichtung einer Versuchsstrecke für das LZB-System der Firma Siemens. Ein Zug der Bauart D/DL wurde mit den erforderlichen Fahrzeuggeräten ausgerüstet und verkehrte dann im Versuchsbetrieb zwischen den Bahnhöfen Zoologischer Garten und Spichernstraße.

Mit dem weiteren Streckenausbau der Linie U9 seit 1974 wurden hier zusätzlich zur herkömmlichen Ausrüstung mit punktförmiger Zugsicherungstechnik auch die örtlichen LZB-Anlagen und der Linienleiter in den Gleisen installiert, die eine Beeinflussung des Fahrbetriebes an jedem Punkt der Strecke ermöglichen. Der wirtschaftliche Aspekt des automatischen Zugbetriebes liegt in der Möglichkeit eines optimalen Fahrbetriebes und einer damit verbundenen Stromersparnis von etwa 400 000 DM pro Jahr, gleichzeitig könnte die Zugfolge bei Bedarf auf 70 Sekunden (bisher 90 Sekunden) gesenkt werden. Eingebaut wurde das Kurzschleifensystem der Firma Siemens (LZB 500). Dabei bleibt die Unterteilung der Strecke in Gleisabschnitte, die

Kreuzungsbahnhof Osloer Straße (Linie U8/U9) im Norden Berlins; er wurde am 30 April 1976 als 100. Bahnhof in West-Berlin eingeweiht. Auf der Linie U9 wird seit Mitte der siebziger Jahre ein vollautomatischer Zugverkehr durchgeführt; das Bild vom 13. Dezember 1977 zeigt eine der zahlreichen Vorstellungsfahrten

Zu jeder Zeit war die U-Bahn ein modernes Verkehrsmittel. Auch die Sicherungsanlagen werden immer auf dem neuesten Stand der Technik gehalten. Das Bild stammt von einem Versuch mit Linienleitertechnik, der bereits Anfang der dreißiger Jahre unternommen wurde

nach den Regeln der Blocktechnik über Gleichstromkreise freigemeldet werden, erhalten. Im Gegensatz zur SELTRAC-Technik auf der Linie U4, bei der die Züge von einer Zentrale im RStw Nollendorfplatz gesteuert werden, handelt es sich bei der LZB 500 um eine dezentrale Einrichtung. Das Fahrprogramm wird durch die jeweiligen ortsfesten Blockanlagen bestimmt und induktiv über etwa 70 m lange im Gleis verlegte Leiterschleifen in die Fahrzeuge übertragen.

Der fahrplanmäßige automatische U-Bahn-Betrieb auf der Linie U9 (Osloer Straße – Rathaus Steglitz) wird seit Mitte der siebziger Jahre durchgeführt. Nach ersten Kinderkrankheiten arbeitet die LZB auf dieser Linie heute einwandfrei und nur selten werden die weiterhin mit einem Fahrer besetzten Züge bei Störungen der LZB im manuellen Betrieb gefahren.

Für die Linienzugbeeinflussung wurden 78 Doppeltriebwagen der Serien F74 bis F79.1 (2500–2656) entsprechend ausgerüstet. Ein Teil der neueren Lieferungen des Typs F sind für den Einbau einer LZB vorbereitet, diese Wagen werden aber vorerst nur auf der nicht mit einer LZB ausgerüsteten Linie U7 eingesetzt.

Nahverkehrs-Versuchsstrecke am Gleisdreieck

Das Bundesministerium für Forschung und Technologie (BMFT) regte im Sommer 1976 die Berliner Verkehrs-Consulting GmbH (BVC), eine Tochtergesellschaft der BVG, an, im Bereich des Berliner U-Bahn-Netzes nach einer geeigneten Versuchsstrecke für Schienenfahrzeuge des Nahverkehrs zu suchen. Zwei Zielrichtungen sollten auf dieser Versuchsstrecke verfolgt werden:

1) Die Weiterentwicklung bestehender Technologien und
2) die Neuentwicklung von Nahverkehrssystemen.

Die BVG stellte die 1650 m lange Hochbahnstrecke zwischen Bülowstraße und Potsdamer Platz, die seit dem August 1961 bzw. Januar 1972 außer Betrieb ist, dafür zur Verfügung. Zwischen dem BMFT und der BVG wurde eine Nutzungsvereinbarung über eine Zeit von zehn Jahren getroffen. Erstmalig stand damit in der Bundesrepublik Deutschland den Firmen des Stadtschnellbahn-Sektors (Waggonbaufirmen, Elektrokonzernen u. ä.) eine derartige Versuchsanlage zur Verfügung, die zudem das BMFT mit Bundeszuwendungen fördert.

In den ersten vier Jahren seit 1977 wurde diese Anlage der Firma SEL zur Weiterentwicklung ihres automatischen Zugsystems SELTRAC überlassen. Inzwischen – seit dem Herbst 1983 – etabliert sich auf dieser Strecke die Magnetbahn GmbH, die mit ihrer M-Bahn bis zunächst 1987 einen Versuchsbetrieb aufbaut.

Die SELTRAC-Züge

Auf der seit dem 13. August 1961 bzw. 1. Januar 1972 stillgelegten Hochbahnstrecke von Bülowstraße über Gleisdreieck bis zur Sektorengrenze am Potsdamer Platz wurde von Juni 1977 bis April 1981 ein Versuchsbetrieb mit automatisch gesteuerten Zügen durchgeführt. Die Firma Standard Electric Lorenz AG (SEL) erprobte auf dieser Strecke ihr neues „automatisches Betriebsablaufsteuerungssystem (SELTRAC)". Mit Unterstützung des BMFT und der BVC sowie des Berliner Senats und der BVG konnte die rund 1650 m lange größtenteils zweigleisige Strecke für diesen Versuchsbetrieb hergerichtet werden. Mit zwei Doppeltriebwagen des Typs A3 wurden auf dieser Strecke viele Testfahrten durchgeführt.

Als zweite Stufe in der Erprobung des SELTRAC-Systems ist der Referenzbetrieb auf der Berliner U-Bahn-Linie 4 (Nollendorfplatz – Innsbrucker Platz) am 4. Mai 1981 aufgenommen worden. Für den automatischen Betrieb wurde im Gleis der Linienleiter verlegt, die Signalanlagen der Strecke wurden erweitert und Fernsehkameras zur Beobachtung des Fahrgastwechsels auf den Bahnhöfen installiert. Im Regionalstellwerk Nollendorfplatz wurde eine Steuerzentrale für die Linie U4 aufgebaut. Für den automatischen Zugbetrieb wurden zudem in den Jahren 1978 bis 1980 in der Kleinprofil-Hauptwerkstatt Grunewald 16 Doppeltriebwagen des Typs A 3L mit den erforderlichen Sende- und Empfangsanlagen, sowie einer Computeranlage zur Steuerung des Zuges, für den Dialog mit der Steuerzentrale und mit einer Lautsprecheranlage ausgerüstet. Vier dieser Fahrzeugeinheiten (vier Doppeltriebwagen) wurden mit weiteren Fahrgastinformationsmitteln (Fallblattzugzielanzeigern an der Stirnfront, Kleinpalettenanzeiger [SELFIS] im Fahrgastraum, Gegensprechanlage mit der Streckenzentrale im Fahrgastraum) ausgerüstet und als „Luxus-SELTRAC"-Fahrzeuge bezeichnet. Eine freizügige Verwendbarkeit aller 16 Doppeltriebwagen im Kleinprofilnetz wurde sichergestellt.

Seit dem Sommer 1981 wird auf der U-Bahn-Linie 4 im automatischen Betrieb gefahren. Dabei bleiben die Bahnsteige und der Führerstand

Erste SELTRAC-Fahrt am 4. Mai 1981 im U-Bahnhof Rathaus Schöneberg

der U-Bahn-Züge weiterhin besetzt, damit jederzeit der Mensch in den automatischen Vorgang eingreifen kann. In der Regel erfolgt aber die Steuerung der Fahrzeug-Umläufe und die Zugabfertigung durch die mit zwei bis drei Personen besetzte Steuerzentrale im RStw Nollendorfplatz.

Die Magnetbahn

Bereits Ende der siebziger Jahre wollte der Berliner Senat eines der neuartigen unkonventionellen Kabinenbahnsysteme, die in den siebziger Jahren entwickelt wurden, in einem großangelegten Versuch auf einer Strecke in Berlin ausprobieren. Aber erst am 2. Dezember 1980 wurde im Berliner Abgeordnetenhaus beschlossen, die Magnetbahn – kurz M-Bahn genannt – auf der Versuchsstrecke am Gleisdreieck aufzubauen. Das BMFT fördert mit Geldmitteln des Bundes dieses Projekt.

Das Magnetbahn-System wurde am 23. November 1978 in Braunschweig vorgestellt. Entwikkelt wurde die M-Bahn von der Magnetbahn GmbH, Starnberg. Das Antriebskonzept – der Linearmotor – wurde im Institut für technische Maschinen, Antriebe und Bahnen der TU Braunschweig entwickelt. Bei diesem Konzept wird von dem herkömmlichen Rad-Schiene-System abgegangen, die Fahrzeuge werden von Dauermagneten getragen, das Fahrzeug „schwebt". Der Antrieb erfolgt durch eine Wanderfeldeinrichtung im Fahrweg, im Fahrzeug selbst befindet sich also kein Antriebsmotor. Die Firma AEG-Telefunken ist an dem Projekt mit Einrichtungen der Betriebsautomation beteiligt.

Seit Dezember 1983 wird zwischen dem U-Bf. Gleisdreieck (unterer Bahnsteig) und dem Kemperplatz nahe der Philharmonie eine Strecke für die M-Bahn erbaut. Ein erstes rund 600 m langes Teilstück wurde im Frühjahr 1984 fertiggestellt; Ende Juni 1984 wurde das erste, von der Firma Messerschmitt-Bölkow-Blohm (MBB) in München hergestellte Probe-Fahrzeug (Wagen 706) auf die Trasse gesetzt. Im Jahr 1985 sollen vier weitere Fahrzeuge geliefert werden, dann durch die Berliner Firma Waggon Union. Mit den Probefahrten (ohne Fahrgäste) wurde im Sommer 1984 auf der schon fertiggestellten Strecke zwischen dem Bahnhof Gleisdreieck und dem vorläufigen Streckenende nördlich des Landwehrkanals begonnen. Zur 750-Jahr-Feier Berlins im Jahre 1987 soll der reguläre Betrieb mit Fahrgästen aufgenommen werden.

Das erste Berliner Magnetbahn-Fahrzeug (Wagen 706) auf dem unteren Bahnsteig des Turmbahnhofes Gleisdreieck bei Probefahrten Mitte Dezember 1984

Tunnelbau und Gleisanlagen

Tunnelbau in neun Jahrzehnten

Der Bau der Berliner U-Bahn begann am 10. September 1896 mit dem ersten Spatenstich für die Hochbahnstrecke in der Gitschiner Straße, einem Teil der heutigen Linie U1 (Schlesisches Tor – Ruhleben). Die am 13. April 1897 gegründete „Gesellschaft für elektrische Hoch- und Untergrundbahnen" beauftragte die bereits vorher mit der Planung befaßte Aktiengesellschaft Siemens & Halske am 15. Juni 1897 mit der Ausführung sämtlicher Bauarbeiten an der ersten Strecke. Die Arbeiten an den ersten Tunnelbaustellen des Berliner U-Bahn-Netzes – dem unterirdischen Bahnhof Potsdamer Platz und der Tunnelstrecke in der Tauentzienstraße – begannen im Sommer 1900. Auf diesen ersten Tunnelbaustellen, die fast ausschließlich in der später „Berliner Bauweise" genannten Bauart erstellt wurden, konnte die Bauabteilung der Firma Siemens & Halske die Erfahrungen verwerten, die beim Bau der Budapester U-Bahn gemacht worden waren.

Fast neun Jahrzehnte U-Bahn-Tunnelbau in Berlin ergaben eine Fülle von Erfahrungen im unterirdischen Bauen. In der Regel wurden und werden in Berlin Tunnelstrecken in offener Bauweise, eben der „Berliner Bauweise", ausgeführt. Hierbei wird in einer offenen Baugrube, deren Seitenwände aus Trägerbohlwänden (Stahlträger mit Holzbohlen) gebildet werden, nacheinander die Sohle, die Wände und Stützen und die Decke errichtet. In den ersten Jahrzehnten des Tunnelbaues in Berlin wurden die Wände und Sohlen aus mit Betonstahl bewehrtem Beton und die Tunneldecke aus einer Stahlträgerlage in Abständen von etwa 1,50 m mit dazwischenliegenden gewölbten Kappen ausgeführt. In den dreißiger Jahren wurden für die Decke spezielle Schalungen aufgestellt, in denen Stahlträger einbetoniert wurden; nach dem Zweiten Weltkrieg – in West-Berlin wurde ab 26. Oktober 1953 wieder an der Erweiterung des U-Bahn-Netzes gebaut – wurden nach Erstellung von Sohle und Stützen die Tunnelwände und -decken als geschlossener eckensteifer Stahlbetonrahmen betoniert. Dabei wird im zunehmenden Maße im Streckentunnel und auch im Bahnhofsbereich mit Schalungswagen gearbeitet, die es gestatten, die Tunnelwände und die Decke in einem Arbeitsgang zu betonieren. Dabei werden in den Wänden notwendige Aussparungen für die spätere Stromversorgung gleich mit berücksichtigt.

In den ersten drei Jahrzehnten gab es im Tunnelbau in Berlin noch einige Sonderformen:

- Tunneltrog aus Stampfbeton, Sohle und Wände wirken als Gewölbe, eine Trägerdecke mit Betonkappen, Sohle und Wände teilweise ohne Bewehrung;
- Tunneldecke und Wände aus Stampfbeton als Gewölbe ausgebildet (teilweise mit Stahlzugband in Höhe der Kämpfer), oft ohne Sohle, wenn die Grundwasserverhältnisse dies zulassen;
- Tunnelrahmen aus Stahlbeton (Wände und Decke) mit horizontalen Drucksteifen aus Stahlbeton in Höhe der offenen Tunnelsohle (ohne Grundwasser).

Bei Fluß- oder Kanalunterfahrungen wurden nach dem Bruch des Spreetunnels im März 1912 (Überschwemmung der in Bau befindlichen Strecke bis zum Bahnhof Spittelmarkt und darüber hinaus) auf beiden Seiten Wehrkammern eingebaut, deren Verschlüsse unter Beeinflussung der Zugsicherungsanlage betätigt werden können. Moderne Anlagen werden durch Elektro- oder Dieselmotoren betrieben, früher mußten die Wehrkammerschilde noch mit einer Handkurbel bei Wassereinbruch bedient werden.

Auch heute stellt der Tunnelbau die Baufachleute in einigen Teilen Berlins noch vor größere Probleme, wie beispielsweise:

Seit nahezu neun Jahrzehnten wird am Berliner U-Bahn-Netz gebaut; auch heute noch wird vorwiegend in der Berliner Bauweise gearbeitet. Das Bild oben zeigt der Erdaushub zwischen Trägerbohlwänden im Baulos D 76 A (Berlin-Reinickendorf, Lindauer Allee), der Verlängerung der U-Bahn-Linie 8 im Berliner Norden. Das Bild unten zeigt den Schildvortrieb im Zuge der Linie 7 unter der Spandauer Altstadt. Der Schildvortrieb wird hier bei der Unterquerung von erhaltenswerter Bausubstanz angewandt

– Beim Bau der Linie U9 mußte das Wilmersdorfer Fenn – eine eiszeitliche Rinne aus nicht tragfähigem Boden – mittels einer „unterirdischen Brücke" überquert werden; die Pfeiler und der Tunnel wurden als Senkkästen einzeln auf der Erdoberfläche hergestellt und dann im Spülverfahren in die endgültige Lage abgesenkt.

– Beim Bau der Linie U7 wurde bereits dreimal der Schildvortrieb beim Unterqueren von Bahnanlagen (S-Bf. Großgörschenstraße) und von Häuserblocks (Richard-Wagner-Platz und Spandauer Altstadt) angewandt; ein weiteres Mal wird der Schildvortrieb bei der Unterquerung der Karl-Bonhoeffer-Klinik (Linie U8) zum Einsatz kommen.

– Außerdem mußten bei der Verlängerung der U-Bahn-Linie 7 nach Spandau noch die Wand-Sohle-Bauweise mit Schlitzwänden (U-Bf. Haselhorst bis U-Bf. Zitadelle) und die Deckelbauweise (U-Bf. Rathaus Spandau) angewandt werden.

– Bei der Unterquerung der Spree und der Havel durch die Linie U7 wurde ebenfalls die Senkkasten-(Caisson-)Bauweise angewandt, der Bahnhof Altstadt Spandau wurde als erster Berliner U-Bahnhof in der Senkkastenbauweise erstellt.

Notausstiege werden in den unterirdischen Strecken so hintereinander angeordnet, daß der Weg ins Freie nicht mehr als 300 m beträgt; Verletzte können auf Tragen durch diese Notausstiege befördert werden.

Wurden die ersten Tunnelbahnhöfe bis in die beginnenden zwanziger Jahre meist in einfacher Tiefenlage (Ebene –1) errichtet, um die Tunnelbaukosten durch die geringere Tiefenlage zu senken und die Treppenanlagen, die meist inmitten der Straße mündeten, einfach zu halten, so begann man später die eineinhalbfache Tiefenlage (Ebene $-1^1/_2$) zu bevorzugen. Dabei können an den Bahnsteigenden Zwischengeschosse eingerichtet werden, die durch entsprechend gestaltete Gänge und Treppenanlagen den Fahrgästen das Erreichen der Bürgersteige ohne das Überschreiten von Straßen ermöglicht. Besonders die Ende der zwanziger Jahre errichteten Strecken der Linien D (heute U8) und E zeigen diese Art der Zugänge von den Bürgersteigen aus, ebenso alle nach dem Zweiten Weltkrieg errichteten Strecken. Beim Bau der Linie E wurde im Zuge des Tunnelbaues auch für diverse Leitungsverwaltungen ein „Leitungskanal" auf der Tunneldecke der U-Bahn mitgebaut.

In den letzten Jahren wurden – mit Zuschüssen der Bundesverwaltung – auch zwei Bahnhöfe (Pankstraße und Siemensdamm) als Zivilschutzanlagen mit den entsprechenden Einrichtungen ausgebaut.

Die Gleisanlagen

Die Gleise der Kleinprofilstrecken erhielten ab 1918 das Schienenprofil Pr 6 (heute S 33), ab 1924 das Profil S 34 und heute, wie auch die Großprofilstrecken, Schienen der Profile S 43, S 45, S 41.

Seit etwa 1926 wird in der Regel der Oberbau K auf Kiefernschwellen in Schotter eingebaut, Eichenschwellen auf den Hochbahnstrecken und in den Weichenanlagen der offenen Strecken. Der Schotter muß alle vier bis sechs Jahre durchgearbeitet werden, dafür wurde erstmals 1970/71 auf den Großprofil-Tunnelstrecken eine automatische Gleisricht- und Stopfmaschine eingesetzt. Seit 1983 wird von der BVG eine von dem österreichischen Hersteller Plasser & Theurer gebaute Schienenbearbeitungsmaschine (4090) eingesetzt, die die Schienenoberfläche von Riffeln und Wellen befreit.

Die Schienen sind entsprechend den zylindrischen Radreifen senkrecht zur Schwelle gelagert. Wegen des ausschließlichen Einsatzes von Drehgestellwagen kann auf eine Spurerweiterung in Gleisbögen mit kleinen Radien verzichtet werden. Alle Neubaustrecken werden für eine Höchstgeschwindigkeit von 70 km/h trassiert. Auf den älteren Strecken liegt die zulässige Höchstgeschwindigkeit zwischen 50 und 70 km/h.

Anfang der sechziger Jahre wurde auf verschiedenen Streckenabschnitten der Linien 6, 7 und 9 versuchsweise verschiedene Arten von schotter- und schwellenlosem Oberbau eingebaut. Für eine generelle Einführung einer dieser Ober-

Nur
Ausgang
Meckis Basar
BVG
781
BVG
821

bauarten konnte die BVG sich aber nicht entscheiden, nur bei besonderen örtlichen Gegebenheiten wird ein derartiger Oberbau eingebaut. Der zum Teil schotter- und schwellenlose Oberbau auf den Linien U7 und U9 wurde nach rund 20 Jahren wieder ausgebaut, nachdem auf Teilstrecken die Höchstgeschwindigkeit wegen des zerrütteten Beton-Oberbaus drastisch herabgesetzt werden mußte.

Die Gleise können bis auf die für die elektrische Gleisfreimeldung erforderlichen Isolierstöße als endlos verschweißt angesehen werden. Die Schienenisolierstöße bestanden anfangs aus Holz-, später aus Preßholzlaschen, auf Doppelschwellen gelagert. Heute werden vorgefertigte geklebte Schienenstöße als ganzes in die Fahrschiene eingeschweißt. Zur Aufnahme der Temperaturänderungen befinden sich auf der Hochbahnstrecke entsprechend den Brückenkonstruktionen Ausdehnungsstöße in den Gleisen.

Als Stromschiene wurde zunächst die Schienenform Pr 11 gewählt, heute wird ausschließlich die Stromschiene Str 40 verwendet. Sie wird durchgehend verschweißt und in entsprechen-

Auf der am 1. Januar 1972 stillgelegten Hochbahnstrecke zwischen den Bahnhöfen Nollendorfplatz und Bülowstraße pendelt seit einigen Jahren täglich (außer Dienstags) ein Stück Nostalgie – zumindest für West-Berlin. Ein Straßenbahn-Triebwagen verbindet die beiden Bahnhöfe „Flohmarkt" und „U-Tropia" bzw. „Türkischer Basar"

Abbildungen linke Seite:

Zwei Hochbahnhöfe dienen seit einiger Zeit anderen Zwecken: Der Hochbahnhof Nollendorfplatz wurde 1973 zu einem „Flohmarkt" umgestaltet; in der ungenutzten Bahnsteighalle wurden ausgediente Kleinprofilwagen aufgestellt, in die Trödelhändler eingezogen sind (Bild oben). Fünf Jahre später wurde auch der Hochbahnof Bülowstraße neu genutzt: „U-Tropia", später „Türkischer Basar", ist hier entstanden, eine Mischung aus Einzelhandelsgeschäften und Gastwirtschaften. Als Aufenthalts- und Toilettenräume wurden zwei C-Wagen zweckentfremdet, die am 20. April 1978 auf den Hochbahnviadukt gestellt wurden (Bilder unten)

den Abständen, auch im Tunnel, mit Ausdehnungsstößen versehen. Im Kleinprofil wird sie stehend durch Stützisolatoren, im Großprofil hängend durch Backen- oder Rundisolatoren gehalten. Die Holzabdeckungen wurden inzwischen durch Kunststoffabdeckungen ersetzt.

Unbenutzte Schnellbahn-Tunnel

Unter den Straßen Berlins liegen an einigen Stellen Tunnelabschnitte, die für Schnellbahnen gebaut worden sind. Sie wurden jedoch nicht in Betrieb genommen, teils wegen Änderung der Planung, teils aus anderen Gründen. Ein Teil dieser Tunnel wurde inzwischen wieder zugeschüttet. Die bekannten Tunnelabschnitte sind im folgenden aufgeführt.

Dresdener Straße: In der Dresdener Straße befindet sich zwischen Prinzenstraße und Oranienplatz ein etwa 400 Meter langer U-Bahn-Tunnel. Am Oranienplatz erweitert sich der Tunnel; hier war ein Bahnhof vorgesehen. Dieser Abschnitt wurde Anfang der zwanziger Jahre für die Strecke Gesundbrunnen – Leinestraße gebaut. Wegen Änderung der Streckenführung wurde der Abschnitt in der Dresdener Straße nicht in Betrieb genommen. Der in West-Berlin liegende Teil dieses Tunnels wird heute als Unterstation von der Berliner Kraft- und Licht AG. (Bewag) benutzt.

Östlich des U-Bahnhofes Grenzallee sollte Ende der zwanziger Jahre eine neue Betriebswerkstatt entstehen. Geblieben ist von diesem Plan nur die viergleisige Ausfahrt; Aufnahme des Tunnelmundes aus den fünfziger Jahren

Moritzplatz: Unter dem U-Bahnhof Moritzplatz der Strecke Gesundbrunnen – Neukölln befindet sich ein etwa 40 Meter langer Tunnel, der für einen Bahnhof einer Schnellbahn vom Stadtzentrum zum Görlitzer Bahnhof gedacht war. Er wurde gleichzeitig mit dem U-Bahnhof Moritzplatz etwa 1927 erbaut. Während des letzten Krieges wurde der Bahnhof durch Zwischenwände in einzelne Luftschutzräume geteilt. Seit dem Jahre 1984 befindet sich in dem Tunnelstück ein Gleichrichterwerk der BVG.

Hermannstraße: Anfang der dreißiger Jahre wurde im Anschluß an die Kehranlage südlich des U-Bahnhofes Leinestraße im Zuge der Hermannstraße mit dem Bau einer Verlängerung nach Britz begonnen. In einer Länge von etwa 450 Metern wurde der Tunnel fertiggestellt; er reicht von der Thomasstraße bis zur Siegfriedstraße (Ringbahnhof Hermannstraße). Im Jahre 1968 wurde die Trennmauer zum toten Tunnel abgebrochen und Gleise zum Abstellen von U-Bahn-Wagen gelegt.

Grenzallee: Hinter der südlichen Abstellanlage des U-Bahnhofes Grenzallee befindet sich eine viergleisige Tunnelausfahrt, die zum geplanten Betriebshof am Teltowkanal führen sollte. Die Tunnelausfahrt ist heute noch von außen erkennbar.

Alexanderplatz: Beim Bau des U-Bahnhofes Alexanderplatz der Linie E Ende der zwanziger Jahre wurde gleich die vorgesehene U-Bahn-Linie F nach Weißensee berücksichtigt. Der Bahnhof wurde viergleisig ausgeführt und die Unterfahrung der Linie E im Zuge der Neuen Königstraße (heute Hans-Beimler-Straße) in Höhe des Georgenkirchplatzes mitgebaut.

Klosterstraße: Vor dem Ersten Weltkrieg war vorgesehen, die U-Bahn-Strecke nach Friedrichsfelde als Kleinprofilstrecke am U-Bahnhof Klosterstraße abzweigen zu lassen. Zu diesem Zwecke wurde der U-Bahnhof Klosterstraße in einer für drei Gleise ausreichenden Breite erbaut, und im Zuge der Klosterstraße eine Unterfahrung der heutigen Linie A angelegt.

Wittenbergplatz: Es war vorgesehen, die U-Bahn-Linie Uhlandstraße – Wittenbergplatz durch die Nettelbeckstraße in Richtung Magdeburger Platz zu führen. Hierfür wurde bereits ein eingleisiges Tunnelstück zur Unterfahrung der viergleisigen Strecke Wittenbergplatz – Nollendorfplatz im Zusammenhang mit dem Streckenbau nach Uhlandstraße und Thielplatz in den Jahren 1911/12 gebaut.

Turmstraße: Gleichzeitig mit dem Bau des U-Bahnhofes Turmstraße der heutigen U-Bahn-Linie 9 um 1960 wurde über diesem ein Bahnsteigtunnel für den Bahnhof der zukünftigen Verlängerung der Linie Alexanderplatz – Siemensstadt angelegt. Im Jahre 1982 wurde unter Verwendung dieses Tunnelstückes ein weiterer Ausgang des Bahnhofes Turmstraße geschaffen.

Heerstraße: Um gute Umsteigemöglichkeiten zwischen der U-Bahn-Linie A (Ruhleben – Pankow) und der geplanten Linie F (zur Hochschulstadt) zu schaffen, war vorgesehen, die Strecke der Linie A im Bereich des Adolf-Hitler-Platzes (heute Theodor-Heuss-Platz) zu verlegen. Im Kaiserdamm an der Soorstraße sollte die bestehende Trasse verlassen werden, die Strecke sollte durch die Bebauung an der Bredtschneiderstraße zu einem neuen Bahnhof an der Südseite des Platzes gelangen. Hier war eine Umsteigeanlage zwischen den Linien A und F nach der Art des heutigen Bahnhofs Mehringdamm mit zwei etwa 10 m breiten Bahnsteigen vorgesehen. Von hier aus sollte die Linie A durch die Bebauung zwischen der Heerstraße und der Reichsstraße zur Reichsstraße geführt werden und an der Kastanienallee die alte Strecke wieder erreichen.

Auf dem damals ungebauten Grundstück Kaiserdamm 40/42, heute Heerstraße 4–4b wurde mit dem Tunnelbau der neuen Strecke der Linie A begonnen und ein kurzes Tunnelstück fertiggestellt. In der heutigen Heerstraße (damals Teil des Kaiserdammes) und dem Theodor-Heuss-Platz (damals Adolf-Hitler-Platz) wurden Rammarbeiten ausgeführt und mit dem Baugrubenaushub begonnen.

Das fertige Tunnelstück diente während des Zweiten Weltkrieges als Luftschutzkeller und ist heute Bestandteil der Kelleranlage des Hauses Heerstraße 4–4b. Die Träger der Baugrube, die bereits wieder zugeschüttet war, wurden im Oktober 1953 gezogen und fanden beim U-Bahnbau in der Müllerstraße Verwendung.

Straße des 17. Juni: Als im April 1939 der erste Teilabschnitt der Ost-West-Achse (Charlottenburger Chaussee) eröffnet wurde, war auch bereits in Höhe des heutigen sowjetischen Ehrenmals ein etwa 50 Meter langer S-Bahn-Tunnel für eine geplante Verbindung vom Potsdamer Platz zum Nordring (Wedding und Putlitzstraße) fertiggestellt.

Platz der Republik: Für die im vorigen Abschnitt erwähnte S-Bahn-Verbindung Potsdamer Platz – Nordring wurde in den dreißiger Jahren ein etwa 300 Meter langer Tunnel von der Nordwestecke des Reichstagsgebäudes bis etwa zur Alsenstraße gebaut. Im Jahre 1947 wurde er gesprengt und zugeschüttet.

Waisentunnel: Die erste Planung der sogenannten AEG-Schnellbahn (heutige U-Bahn-Linie 8 Osloer Straße – Leinestraße) sah im Raum Alexanderplatz eine Wegführung über Kaiser-Wilhelm-Straße, Neue Friedrichstraße und Waisenstraße vor. In der Neuen Friedrichstraße und an der Spreeunterfahrung wurde mit den Bauarbeiten 1913 begonnen. Im Ersten Weltkrieg wurden die Bauarbeiten an der AEG-Schnellbahn eingestellt.

Vor Wiederaufnahme der Arbeiten im Jahre 1926 entschloß sich die Stadt Berlin auch im Raum Alexanderplatz zu einer Streckenänderung. Das hatte zur Folge, daß das fertiggestellte Tunnelstück in der Waisenstraße und in der Neuen Friedrichstraße für den Linienbetrieb nicht benötigt wurde. Der etwa 800 Meter lange Tunnel wurde mit der neuen U-Bahn-Linie Alexanderplatz – Friedrichsfelde verbunden und bis spätestens August 1961 für Betriebsfahrten benutzt. Im Spätherbst 1972 wurden über diesen Tunnel die 40 verkauften Kleinprofil-U-Bahn-Wagen vom Typ A2 nach Ost-Berlin verbracht.

Nollendorfplatz: Der unterste Bahnsteig des U-Bahnhofes Nollendorfplatz ist Mitte der zwanziger Jahre für zwei Gleise angelegt worden. Das zweite Gleis war für eine Linie aus Richtung Tiergarten gedacht. Gleichzeitig war für diese Linie ein zweigleisiges Tunnelstück in Richtung Genthiner Straße mitgebaut worden, das von der Strecke Kurfürstenstraße – Nollendorfplatz unterfahren wird. Dieses Tunnelstück wurde in den Jahren 1970/71 um 319 Meter verlängert und wird seitdem als Abstellanlage genutzt.

Eisackstraße (Innsbrucker Platz): Für die Schöneberger U-Bahn (heute Linie 4) war südlich des Bahnhofes Hauptstraße (heute Innsbrucker Platz) in der Eisackstraße eine dreigleisige Kehr- und Abstellanlage gebaut worden. Von dem westlichen Gleis dieser Anlage zweigte eine eingleisige Verbindung zum oberirdischen Betriebsbahnhof ab. Am südlichen Ende des Betriebsbahnhofs wurde, um die Geräuschbelästigung für die Anwohner erträglich zu halten, später ein Ausziehgleis in ein kurzes eingleisiges Tunnelstück gelegt. Die Betriebswerkstatt wurde um 1935 aufgelassen, die Gebäude wurden im Zweiten Weltkrieg zerstört, die Tunnelstücke blieben jedoch bestehen.

Beim Bau des Stadtautobahntunnels unter dem Innsbrucker Platz Anfang der siebziger Jahre wurde der nördliche Teil der Abstell- und Kehranlage südlich des Bahnhofs Innsbrucker Platz abgetragen, in der Eisackstraße ist jedoch ein Teil noch vorhanden.

Innsbrucker Platz: Bei dem im vorigen Absatz erwähnten Bau des Stadtautobahntunnels unter dem Innsbrucker Platz wurde auch ein Tunnelabschnitt für die geplante U-Bahn-Linie 10 im Zuge der Hauptstraße ausgeführt.

Kleistpark: Ebenfalls für die geplante Linie 10 wurde beim Bau der Linie 7 beim Bahnhof Kleistpark ein Abschnitt des Bahnsteiges unter dem Bahnsteig der Linie 7 mitgebaut.

Adenauerplatz: Auch hier wurde als Vorleistung für eine U-Bahn-Linie im Zuge des Kurfürstendamms ein ca. 100 m langer Tunnelabschnitt unter dem Bahnsteig der Linie 7 und unter dem benachbarten Straßentunnel ausgeführt.

Schloßstraße (Steglitz): Beim Bau der Linie 9 in der Schloßstraße in Steglitz entstanden hier gleichzeitig die für die geplante Linie 10 erforderlichen Tunnelanlagen. Wegen der geringen Breite der Schloßstraße entstand hier ein doppelgeschossiger Tunnel, wobei das obere Geschoß für die Fahrtrichtung Süd-Nord und das untere für die Gegenrichtung vorgesehen ist. Bei der späteren Verlängerung der Linie 9 in Richtung Lankwitz muß der S-Bahnhof Steglitz unterfahren werden. Diese Unterfahrung wurde noch nicht ausgeführt, dadurch steht kein Platz für die betrieblich notwendige Abstell- und Kehranlage zur Verfügung. Aus diesem Grunde benutzt die Linie 9 bis auf weiteres die eigentlich für die Linie 10 vorgesehene Trasse, dabei erfolgt der Wechsel zwischen den Bahnhöfen Walther-Schreiber-Platz und Schloßstraße. Im Bahnhof Schloßstraße benutzen also die Züge der Linie 9 jetzt die Bahnsteigseiten, an denen später die Linie 10 halten wird. Zwischen den Bahnhöfen Schloßstraße und Rathaus Steglitz trennen sich die beiden Strecken niveaufrei so, daß die Bahnsteige des Bahnhofes Rathaus Steglitz V-förmig in unterschiedlicher Höhenlage nebeneinander liegen. Diese Anlage wurde am 30. September 1974 in Betrieb genommen. Um eine gute Umsteigemöglichkeit zur S-Bahn zu schaffen, wurde am 1. Februar 1985 ein neuer Ausgang eröffnet. Der Verbindungsgang nutzt Teile des Bahnsteiges, der später für die Linie 9 vorgesehen ist.

Jungfernheide: Am Bahnhof Jungfernheide kreuzt die am 1. Oktober 1980 eröffnete Strecke der Linie 7 die S-Bahn (Ringbahn). In diesem Kreuzungspunkt ist der U-Bahnhof viergleisig angelegt mit zwei übereinanderliegenden Bahnsteigen, die niveaugleiches Umsteigen im Richtungsverkehr erlauben. Hier ist für die Zukunft der Verknüpfungsbahnhof mit der U-Bahn-Linie 5 vorgesehen. Die Gleise liegen nördlich des Bahnhofs Jungfernheide bis vor den Westhafenkanal im gemeinsamen Tunnelbauwerk und unterfahren den Kanal dann in getrennten Tunnelbauwerken. Der Tunnel für die spätere Linie 5 endet nördlich der Autobahn unter dem Goerdelerdamm.

Masurenallee/Neue Kantstraße: Beim Bau des unterirdischen Fußgängerverteilergeschosses unter der Straßenkreuzung Masurenallee/Neue Kantstraße/Messedamm in Charlottenburg Ende der siebziger Jahre wurden auch Vorleistungen für einen U-Bahn-Tunnel im Zuge der Masurenallee/Neue Kantstraße getätigt. Im Rohbau vorhanden sind Treppenanlagen und ein Teil des Bahnsteiges.

Tabelle der Bahnhofsnamen

Bei der Angabe des aktuellen Namens wird ggf. auf den Namen zum Zeitpunkt der Eröffnung verwiesen, die Schließung der Bahnhöfe infolge der Kriegsschäden ist in dieser Aufstellung nicht berücksichtigt. Dieses Datum wird nur angegeben, wenn der betreffende Bahnhof heute nicht mehr in Betrieb oder vollständig aufgehoben ist. Anmerkungen:

1) Bahnhof wird gegenwärtig von den Zügen ohne Halt durchfahren (Transitstrecken durch Ost-Berlin)
2) Bahnhof ist gegenwärtig außer Betrieb
3) Bahnhof ist nicht mehr vorhanden
*) Bahnhof liegt in Ost-Berlin

Name bei Eröffnung des Bahnhofs	Bahnhofs-Kurzzeichen	Heutige Linienbezeichnung	Eröffnungsdatum/ Aufhebung des Bahnhofs	Spätere Umbenennungen/ Bemerkungen
Adenauerdamm		siehe Kaiserdamm		
Adenauerplatz	Ad	U7	28. 04. 1978	
Adolf-Hitler-Platz	AH	siehe Reichskanzlerplatz		
Afrikanische Straße (Friedrich-Ebert-Siedlung)	Afr	U6	06. 05. 1956	
*Alexanderplatz (Bstg. A)	A	A	01. 07. 1913	
*Alexanderplatz (Bstg. D) 1)	Ap	(U8)	18. 04. 1930	
*Alexanderplatz (Bstg. E)	Al	E	21. 12. 1930	
Alt-Mariendorf	Mf	U6	28. 02. 1966	
Altstadt Spandau	AS	U7	01. 10. 1984	
Alt-Tempelhof	At	U6	28. 02. 1966	
Amrumer Straße	Am	U9	28. 08. 1961	
Augsburger Straße	Au	U2	08. 05. 1961	
*Bhf. Friedrichstraße	F	U6	30. 01. 1923	ab 15. 09. 1924: Stadtbahn (Friedrichstr.) ab 01. 02. 1936: Bhf. Friedrichstraße ab 2. 1976: Friedrichstraße
*Bhf. Lichtenberg (Zentralfriedhof)	Li	siehe Lichtenberg (Zentralfriedhof)		
Bhf. Wedding	We	U6	08. 03. 1923	ab 1972: Wedding
Bayerischer Platz (oben)	Bpo	U4	01. 12. 1910	Kurzzeichen vor 1971 Bp
Bayerischer Platz (unten)	Bpu	U7	29. 01. 1971	
Belle-Alliance-Straße	Bl	U6+7	19. 04. 1924	ab 27. 02. 1946: Franz-Mehring-Straße ab 09. 10. 1947: Mehringdamm
Bergstraße	Br	U7	11. 04. 1926	ab 04. 06. 1946: Karl-Marx-Straße
Berliner Straße (oben)	Beo	U9	29. 01. 1971	
Berliner Straße (unten)	Beu	U7	29. 01. 1971	
*Bernauer Straße 1)	B	(U8)	18. 04. 1930	
*Bersarinstraße	Bn	siehe Petersburger Straße		
*Bersarinstraße (Frankfurter Tor)	Bn	siehe Petersburger Straße		

Name bei Eröffnung des Bahnhofs	Bahnhofs-Kurzzeichen	Heutige Linien-bezeichnung	Eröffnungsdatum/ Aufhebung des Bahnhofs	Spätere Umbenennungen/ Bemerkungen
Birkenstraße	Bi	U9	28. 08. 1961	
Bismarckstraße (I)	Bi	U1	14. 05. 1906	ab 01. 08. 1929: Städtische Oper (Bismarckstr.) ab 16. 08. 1934: Deutsches Opernhaus (Bismarckstraße) ab 22. 09. 1961: Deutsche Oper (Bismarckstraße) ab 28. 04. 1978: Deutsche Oper
Bismarckstraße (II) (oben)	Bmo	U1	28. 04. 1978	
Bismarckstraße (II) (unten)	Bmu	U7	28. 04. 1978	
Blaschkoallee	Bl	U7	28. 09. 1963	
Blissestraße	Bli	U7	29. 01. 1971	
Boddinstraße	Bo	U8	17. 07. 1927	
Borsigwerke	Bk	U6	31. 05. 1958	
Breitenbachplatz	Bt	U2	12. 10. 1913	
Britz-Süd	Br	U7	28. 09. 1963	
Bülowstraße 2)	Bs	–	11. 03. 1902 / 01. 01. 1972	wegen Personaleinsparung stillgelegt
Bundesplatz	Bd	U9	29, 01. 1971	
Dahlem-Dorf	Dd	U2	12. 10. 1913	
*Danziger Straße	D	A	27. 07. 1913	ab 1950: Dimitroffstraße
Deutsche Oper	Obi	siehe Bismarckstraße (I)		
Deutsche Oper (Bismarckstraße)	Obi	siehe Bismarckstraße (I)		
Deutsches Opernhaus (Bismarckstr.)	Obi	siehe Bismarckstraße (I)		
*Dimitroffstraße	D	siehe Danziger Straße		
Eisenacher Straße	Ei	U7	29. 01. 1971	
Ernst-Reuter-Platz	RP	siehe Knie		
Fehrbelliner Platz (oben)	Fpo	U2	12. 10. 1913	Kurzzeichen vor 1971 Fp
Fehrbelliner Platz (unten)	Fpu	U7	29. 01. 1971	
Flughafen (I)	Fl	U6	10. 09. 1927	ab 01. 10. 1937: Paradestraße
Flughafen (II)	Fl	siehe Kreuzberg		
*Frankfurter Allee	Ff	E	21. 12. 1930	ab 1937: Frankfurter Allee (Ringbahn) ab 21. 12. 1951: Stalinallee (Ringbahn) ab 14. 11. 1961: Frankfurter Allee (Ringbahn)
*Frankfurter Allee (Ringbahn)	Ff	siehe Frankfurter Allee		
*Frankfurter Tor	Ft	siehe Petersburger Straße		
Franz-Mehring-Straße		siehe Belle-Alliance-Straße		
*Französische Straße 1)	Fr	(U6)	30. 01. 1923	
Friedrich-Wilhelm-Platz	Fw	U9	29. 01. 1971	
*Friedrichsfelde	Fi	E	21. 12. 1930	ab 01. 01. 1958: Friedrichsfelde (Tierpark) ab 1970: Friedrichsfelde

Name bei Eröffnung des Bahnhofs	Bahnhofs-Kurzzeichen	Heutige Linien-bezeichnung	Eröffnungsdatum/ Aufhebung des Bahnhofs	Spätere Umbenennungen/ Bemerkungen
*Friedrichsfelde (Tierpark)	Fi	siehe Friedrichsfelde		
*Friedrichstraße (I)	F	A	01. 10. 1908	ab 30. 01. 1923: Leipziger Straße ab 15. 09. 1924: Friedrichstadt (Mohrenstr.) ab 01. 02. 1936: Stadtmitte (Mohrenstraße)
*Friedrichstraße (II)	F	siehe Bhf. Friedrichstraße		
*Friedrichstadt (Leipziger Straße) 1)	Fu	siehe Leipziger Straße		
*Friedrichstadt (Mohrenstraße)	F	siehe Friedrichstraße		
Gardepionierplatz	Gp	siehe Hasenheide		
Gesundbrunnen	Gb	U8	18. 04. 1930	
Gleisdreieck (oben)	Go	U1	03. 11. 1912	
Gleisdreieck (unten) 2)	Gu	–	03. 11. 1912 / 01. 01. 1972	wegen Personaleinsparung stillgelegt
Gneisenaustraße	Gs	U7	19. 04. 1924	
Görlitzer Bahnhof	Gr	siehe Oranienstraße		
Görlitzer Bahnhof (Oranienstraße)	Gr	siehe Oranienstraße		
Grenzallee	Gz	U7	21. 12. 1930	
Güntzelstraße	Gt	U9	29. 01. 1971	
Hallesches Tor (oben)	Ho	U1	18. 02. 1902	Kurzzeichen anfangs H
Hallesches Tor (unten)	Hu	U6	30. 01. 1923	Kurzzeichen anfangs Hn
Hansaplatz	Ha	U9	28. 08. 1961	
Halemweg	Hl	U7	01. 10. 1980	
Haselhorst	Hs	U7	01. 10. 1984	
Hasenheide	Hh	U7	14. 12. 1924	ab 03. 06. 1933: Kaiser-Friedrich-Platz ab 01. 01. 1939: Gardepionierplatz ab 09. 10. 1947: Südstern
Hauptstraße	Hs	U4	01. 12. 1910	ab 01. 07. 1933: Innsbrucker Platz (Hauptstraße)
*Hausvogteiplatz	Hv	A	01. 10. 1908	
Heidelberger Platz	Hb	U2	12. 10. 1913	
*Heinrich-Heine-Straße 1)	He	siehe Neanderstraße		
Hermannplatz (unten)	Hpu	U7	11. 04. 1926	
Hermannplatz (oben)	Hpo	U8	17. 07. 1927	
Hohenzollernplatz	Hz	U2	12. 10. 1913	
Holzhauser Straße	Hh	U6	31. 05. 1958	
*Horst-Wessel-Platz	HW	siehe Schönhauser Tor		
Innsbrucker Platz (Hauptstraße)	Ip	siehe Hauptstraße		
*Inselbrücke	I	A	01. 07. 1913	ab 01. 06. 1935: Märkisches Museum
Jakob-Kaiser-Platz	JK	U7	01. 10. 1980	
*Jannowitzbrücke 1)	Jb	(U8)	18. 04. 1930	
Johannisthaler Chaussee	Jt	U7	02. 01. 1970	ab 16. 09. 1972: Johannisthaler Chaussee (Gropiusstadt)

Name bei Eröffnung des Bahnhofs	Bahnhofs-Kurzzeichen	Heutige Linien-bezeichnung	Eröffnungsdatum/ Aufhebung des Bahnhofs	Spätere Umbenennungen/ Bemerkungen
Johannisthaler Chaussee (Gropiusstadt)	Jt	siehe Johannisthaler Chaussee		
Jungfernheide (oben)	Jho	U7	01. 10. 1980	
Jungfernheide (unten)	Jhu	U7	01. 10. 1980	
Kaiserdamm	Kd	U1	29. 03. 1908	ab 1936: Kaiserdamm (Messedamm) ab 27. 04. 1967: Adenauerdamm (Messedamm) ab 15. 01. 1968: Kaiserdamm (Messedamm)
Kaiserdamm (Messedamm)	Kd	siehe Kaiserdamm		
Kaiser-Friedrich-Platz	Ka	siehe Hasenheide		
*Kaiserhof	Kf	A	01. 10. 1908	ab 18. 08. 1950: Thälmannplatz (1945 bis 1950 wegen Kriegsschäden geschlossen, Züge fuhren durch)
Kaiserin-Augusta-Straße	Ka	U6	28. 02. 1968	
Karl-Marx-Straße	KM	siehe Bergstraße		
Kleistpark	Kt	U7	29. 01. 1971	
*Klosterstraße	Ko	A	01. 07. 1913	
Knie	Ki	U1	14. 12. 1902	ab 02. 10. 1953: Ernst-Reuter-Platz
Kochstraße	Ks	U6	30. 01. 1923	
Konstanzer Straße	Kn	U7	28. 04. 1978	
Kottbusser Damm (Schönleinstraße)	KDm	siehe Schönleinstraße		
Kottbusser Tor (I) 3)	Kb	–	18. 02. 1902 / 04. 08. 1929	
Kottbusser Tor (oben) (II)	Kbo	U1	04. 08. 1929	
Kottbusser Tor (unten)	Kbu	U8	12. 02. 1928	
Kreuzberg	Kr	U6	14. 02. 1926	ab 01. 10. 1937: Flughafen (II) ab 01. 09. 1975: Platz der Luftbrücke
Krumme Lanke	K	U2	22. 12. 1929	
Kurfürstendamm (unten) (Joachimsthaler Straße)	Kfu	U9	28. 08. 1961	
Kurfürstendamm (oben) (Joachimsthaler Straße)	Kfo	U3	02. 09. 1961	
Kurfürstenstraße	Kus	U1	24. 10. 1926	
Kurt-Schumacher-Platz	Sch	U6	03. 05. 1956	
Leinestraße	L	U8	04. 03. 1929	
*Leipziger Platz 2)	.	–	28. 08. 1907 / 13. 08. 1961	ab 30. 01. 1923: Potsdamer Platz (II)
*Leipziger Straße (unten)	.	siehe Friedrichstraße		
*Leipziger Straße (unten) 1)	.	(U6)	30. 01. 1923	ab 15. 09. 1924: Friedrichstadt (Leipziger Straße) ab 01. 02. 1936: Stadtmitte (Leipziger Straße)
Leopoldplatz (oben)	Lpo	U6	08. 03. 1923	Kurzzeichen vor 1961 Lp

Name bei Eröffnung des Bahnhofs	Bahnhofs-Kurzzeichen	Heutige Linien-bezeichnung	Eröffnungsdatum/ Aufhebung des Bahnhofs	Spätere Umbenennungen/ Bemerkungen
Leopoldplatz (unten)	Lpu	U9	28. 08. 1961	
*Lichtenberg (Zentralfriedhof)	Li	E	21. 12. 1930	ab 1935: Bhf. Lichtenberg (Zentralfriedhof)
Lipschitzallee	La	U7	02. 01. 1970	
*Luxemburgplatz	Lu	siehe Schönhauser Tor		
*Märkisches Museum	Mk	siehe Inselbrücke		
*Magdalenenstraße	Md	E	21. 12. 1930	
*Marchlewskistraße	Ml	siehe Memeler Straße		
Mehringdamm	Me	siehe Belle-Alliance-Straße		
*Memeler Straße	Ml	E	21. 12. 1930	ab 22. 03. 1950: Marchlewskistraße
Mierendorffplatz	Mp	U7	01. 10. 1980	
Möckernbrücke (oben)	Mo	U1	18. 02. 1902	Kurzzeichen vor 1966 M
Möckernbrücke (unten)	Mu	U7	28. 02. 1966	
Moritzplatz	Mr	U8	06. 04. 1928	
Nauener Platz	Np	U9	30. 04. 1976	
*Neanderstraße 1)	Ne	(U8)	06. 04. 1928	ab 31. 08. 1960: Heinrich-Heine-Straße
Neukölln	Nk	siehe Neukölln (Südring)		
Neukölln (Südring)	Nk	U7	21. 12. 1930	ab 1962: Neukölln
Neu-Westend	Nd	U1	20. 05. 1922	
Nollendorfplatz (oben) 2)	No	–	11. 03. 1902 / 01. 01. 1972	wegen Personaleinsparung stillgelegt
Nollendorfplatz 3) (Schöneberger Untergrundbahn)	Ns	–	01. 12. 1910 / 24. 10. 1926	
Nollendorfplatz (Mitte)	Nm	U1+4	24. 10. 1926	Kurzzeichen anfangs Ns
Nollendorfplatz (unten)	Nu	U1	24. 10. 1926	Kurzzeichen anfangs Ns
*Nordbahnhof 1)	Nf	siehe Stettiner Bahnhof		
*Nordring	Nr	A	27. 07. 1913	ab 01. 02. 1936: Schönhauser Allee
Nürnberger Platz 3)	Nb	–	12. 10. 1913 / 02. 06. 1959	
Olympia-Stadion	Sd	siehe Stadion		
Onkel-Toms-Hütte	Ot	U2	22. 12. 1929	
*Oranienburger Tor 1)	Ob	(U6)	30. 01. 1923	
Oranienstraße	O	U1	18. 02. 1902	ab 14. 02. 1926: Görlitzer Bahnhof (Oranienstraße) ab 1982: Görlitzer Bahnhof
Oskar-Helene-Heim	Os	U2	22. 12. 1929	
Osloer Straße (oben)	Olo	U9	30. 04. 1976	
Osloer Straße (unten)	Olu	U8	05. 10. 1977	
*Osthafen (Stralauer Tor) 3)	Of	siehe Stralauer Tor		
*Pankow (Vinetastraße)	Pa	A	29. 06. 1930	
Pankstraße	Pk	U8	05. 10. 1977	
Paradestraße	Ps	siehe Flughafen (I)		
Parchimer Allee	Pi	U7	28. 09. 1963	
Paulsternstraße	P	U7	01. 10. 1984	

Name bei Eröffnung des Bahnhofs	Bahnhofs-Kurzzeichen	Heutige Linien-bezeichnung	Eröffnungsdatum/ Aufhebung des Bahnhofs	Spätere Umbenennungen/ Bemerkungen
*Petersburger Straße	Pt	E	21. 12. 1930	ab 03. 06. 1046: Bersarinstraße ab 01. 01. 1958: Bersarinstraße (Frankfurter Tor) ab 06. 1958: Frankfurter Tor
Platz der Luftbrücke	PL	siehe Kreuzberg		
Podbielskiallee	Po	U2	12. 10. 1913	
*Potsdamer Platz (I) 3)	P	–	18. 02. 1902 / 28. 09. 1907	
*Postdamer Platz (II)	Pd	siehe Leipziger Platz		
Prinzenstraße	Pr	U1	18. 02. 1902	
Pulitzstraße (Westhafen)	Pu	U9	28. 08. 1961	
Rathaus Neukölln	Rk	U7	11. 04. 1926	
Rathaus Schöneberg	RS	siehe Stadtpark		
Rathaus Spandau	RSp	U7	01. 10. 1984	
Rathaus Steglitz (unten)	Rzu	U9	30. 09. 1974	
Rehberge	Rb	U6	03. 05. 1956	
Reichskanzlerplatz	R	U1	29. 03. 1908	ab 24. 04. 1933: Adolf-Hitler-Platz ab 17. 05. 1945: Reichskanzlerplatz ab 18. 12. 1963: Theodor-Heuss-Platz
Reichssportfeld	R	siehe Stadion		
Reinickendorfer Straße	Ri	U6	08. 03. 1923	
Richard-Wagner-Platz (I) 3)	Rw	siehe Wilhelmplatz		
Richard-Wagner-Platz (II)	Rw	U7	28. 04. 1978	
Rohrdamm	Rm	U7	01. 10. 1980	
*Rosa-Luxemburg-Platz	Lu	siehe Schönhauser Tor		
*Rosenthaler Platz 1)	Ro	(U8)	18. 04. 1930	
Rudow	R	U7	01. 07. 1972	
Rüdesheimer Platz	Rd	U2	12. 10. 1913	
Ruhleben	Rl	U1	22. 12. 1929	
*Samariterstraße	Sa	E	21. 12. 1930	
Scharnweberstraße (Eichborndamm)	Scha	U6	31. 05. 1958	
*Schillingstraße	Si	E	21. 12. 1930	
Schlesisches Tor	S	U1	18. 02. 1902	
Schloßstraße (oben)	Slo	U9	30. 09. 1974	
Schloßstraße (unten)	Slu	U9	30. 09. 1974	
*Schönhauser Allee	Sh	siehe Nordring		
*Schönhauser Tor	Sh	A	27. 07. 1913	ab 01. 05. 1934: Horst-Wessel-Platz ab 26. 05. 1945: Schönhauser Tor ab 1950: Luxemburgplatz ab 01. 05. 1978: Rosa-Luxemburg-Platz Kurzzeichen von 1945–1950 Sch

Name bei Eröffnung des Bahnhofs	Bahnhofs-Kurzzeichen	Heutige Linien-bezeichnung	Eröffnungsdatum/ Aufhebung des Bahnhofs	Spätere Umbenennungen/ Bemerkungen
Schönleinstraße	Sl	U8	17. 07. 1927	ab 02. 07. 1951: Kottbusser Damm (Schönleinstraße)
*Schwarzkopffstraße 1)	Ss	(U6)	08. 03. 1923	ab 09. 04. 1951: Walter-Ulbricht-Stadion ab 15. 03. 1973: Stadion der Weltjugend
Seestraße	Se	U6	08. 03. 1923	
Seidelstraße (Flughafen Tegel)	Sei	U6	31. 05. 1958	ab 11. 1974: Seidelstraße
Seidelstraße	Sei	siehe Seidelstraße (Flughafen Tegel)		
*Senefelder Platz	Sz	A	27. 07. 1913	
Siemensdamm	Sie	U7	01. 10. 1980	
Sophie-Charlotte-Platz	So	U1	29. 03. 1908	
Spichernstraße (Bundesallee) (oben)	Sno	U2	02. 06. 1959	
Spichernstraße (Bundesallee) (unten)	Snu	U9	28. 08. 1961	
*Spittelmarkt	Sp	A	01. 10. 1908	
Stadion	Sd	U1	08. 06. 1913	ab 01. 03. 1935: Reichssportfeld ab 25. 06. 1950: Olympia-Stadion
*Stadion der Weltjugend 1)	Sdw	siehe Schwarzkopffstraße		
*Stadtbahn (Friedrichstraße)	St	siehe Bhf. Friedrichstraße		
*Stadtmitte (Mohrenstraße)	Mi	siehe Friedrichstraße		
*Stadtmitte (Leipziger Straße) 1)	Mic	siehe Leipziger Straße		
Stadtpark	Sk	U4	01. 12. 1910	ab 15. 05. 1951: Rathaus Schöneberg
Städtische Oper (Bismarckstraße)	Sbi	siehe Bismarckstraße (I)		
*Stalinallee (Ringbahn)		siehe Frankfurter Allee		
Stettiner Bahnhof 1)	Sb	(U6)	30. 01. 1923	ab 10. 01. 1951: Nordbahnhof
Stralauer Tor 3)	St	–	18. 02. 1902 / 10. 03. 1945	ab 15. 09. 1924: Osthafen (Stralauer Tor)
*Strausberger Platz	Sr	E	21. 12. 1930	
Südstern	Si	siehe Hasenheide		
Tegel	Tg	U6	31. 05. 1958	
Tempelhof	Ts	siehe Tempelhof (Südring)		
Tempelhof (Südring)	Ts	U6	22. 12. 1929	ab 1962: Tempelhof
*Thälmannplatz	Tp	siehe Kaiserhof		
Theodor-Heuss-Platz	Th	siehe Reichskanzlerplatz		
Thielplatz	T	U2	12. 10. 1913	
*Tierpark	Tk	E	25. 06. 1973	
Turmstraße	Tm	U9	28. 08. 1961	
Uhlandstraße	U	U3	12. 10. 1913	ab 1950: Uhlandstraße (Kurfürstendamm) ab 02. 09. 1961: Uhlandstraße
Uhlandstraße (Kurfürstendamm)	U	siehe Uhlandstraße		
Ullsteinstraße	Ull	U6	28. 02. 1966	

Name bei Eröffnung des Bahnhofs	Bahnhofs-Kurzzeichen	Heutige Linienbezeichnung	Eröffnungsdatum/ Aufhebung des Bahnhofs	Spätere Umbenennungen/ Bemerkungen
Viktoria-Luise-Platz	V	U4	01. 12. 1910	
Voltastraße	Vo	U8	18. 04. 1930	
*Walter-Ulbricht-Stadion 1)	Wus	siehe Schwarzkopffstraße		
Walther-Schreiber-Platz	Wsg	U9	29. 01. 1971	
*Warschauer Brücke 2)	Wb	–	17. 08. 1902 / 13. 08. 1961	
Wedding	We	siehe Bhf. Wedding		
*Weinmeisterstraße 1)	W	(U8)	18. 04. 1930	
Westphalweg	Wl	U6	28. 02. 1966	
Wilhelmplatz 3)	Wi	–	14. 05. 1906 / 02. 05. 1970	ab 01. 02. 1935: Richard-Wagner-Platz (I)
Wilmersdorfer Straße	Wd	U7	28. 04. 1978	
Wittenbergplatz	Wt	U1/2/3	11. 03. 1902	
Wutzkyallee	Wk	U7	02. 01. 1970	
Yorckstraße	Y	U7	29. 01. 1971	
Zitadelle	Zi	U7	01. 10. 1984	
Zoologischer Garten (oben)	Zo	U1	11. 03. 1902	Kurzzeichen vor 1961 Z
Zoologischer Garten (unten)	Zu	U9	28. 08. 1961	
Zwickauer Damm	Zd	U7	02. 01. 1970	

Zeittafel

(Heutige Bahnhofsnamen in Klammern)

1879
Werner v. Siemens zeigt auf der Berliner Gewerbeausstellung auf einem 300 m langen Rundkurs eine schmalspurige elektrische Bahn mit Personenbeförderung und beweist damit erstmals die Verwendbarkeit des elektrischen Antriebes für den Schienenverkehr

1881 16. Mai
Werner v. Siemens eröffnet in Lichterfelde auf einer stillgelegten Eisenbahnstrecke den ersten elektrisch betriebenen Straßenbahnbetrieb der Welt

1891
Werner v. Siemens reicht seinen Entwurf für ein Berliner Hoch- und Untergrundbahnnetz mit der Stammstrecke Warschauer Brücke – Zoologischer Garten zur Genehmigung ein

1893
Königliche Genehmigung zur Anlage einer elektrischen Hochbahn von Warschauer Brücke bis Nollendorfplatz

1896 1. März
Staatliche Genehmigung für Bau und Betrieb einer elektrischen Hochbahn von Warschauer Brücke bis Nollendorfplatz
10. September
Beginn der Fundamentarbeiten in der Gitschiner Straße

1897 13. April
Gründung der „Gesellschaft für elektrische Hoch- und Untergrundbahnen in Berlin", kurz „Hochbahngesellschaft", mit einem Aktienkapital von 12,5 Millionen Mark
1. Juni
Beginn der Montage der Hochbahnviadukte

1901 September
Beginn der Fahrzeugmontage in der Werkstatt Warschauer Brücke

1902 15. Februar
Ministerfahrt vom Stralauer Tor bis Potsdamer Platz als Auftakt für die bevorstehende Betriebseröffnung der ersten Berliner Hoch- und Untergrundbahnstrecke
18. Februar
Stralauer Tor – Potsdamer Platz
11. März
Potsdamer Platz – Zoologischer Garten
25. März
Durchgangsverkehr Stralauer Tor – Zoologischer Garten
17. August
Stralauer Tor – Warschauer Brücke
14. Dezember
Zoologischer Garten – Knie (Ernst-Reuter-Platz)

1906 14. Mai
Knie (Ernst-Reuter-Platz) – Wilhelmplatz (Richard-Wagner-Platz)

1908 29. März
Bismarckstraße (Deutsche Oper) – Reichskanzlerplatz (Theodor-Heuss-Platz)

1908 1. Oktober
Leipziger (Potsdamer) Platz – Spittelmarkt

1910 1. Dezember
Nollendorfplatz – Hauptstraße (Innsbrucker Platz)

1912 3. November
Inbetriebnahme Bahnhof Gleisdreieck; Reichskanzlerplatz (Theodor-Heuss-Platz) – Werkstatt Grunewald (nur für Betriebsfahrten)

1913 8. Juni
Inbetriebnahme Bahnhof Stadion (zunächst nur an Veranstaltungstagen)
1. Juli
Spittelmarkt – Alexanderplatz
27. Juli
Alexanderplatz – Nordring (Schönhauser Allee)
12. Oktober
Wittenbergplatz – Uhlandstraße; Wittenbergplatz – Thielplatz

1922
Gründung der Nordsüdbahn AG durch die Stadt Berlin für den Bau der Nord-Süd-U-Bahnlinie (Betriebsführung Hochbahngesellschaft)
20. Mai
Inbetriebnahme Bahnhof Neu-Westend

1923 30. Januar
Stettiner Bahnhof (Nordbahnhof) – Hallesches Tor
8. März
Seestraße – Stettiner Bahnhof (Nordbahnhof)

1924 19. April
Hallesches Tor – Gneisenaustraße
14. Dezember
Gneisenaustraße – Hasenheide (Südstern)

1926
Einführung von U-Bahn-Monatskarten
14. Februar
Belle-Alliance-Straße (Mehringdamm) – Kreuzberg (Platz der Luftbrücke)
11. April
Hasenheide (Südstern) – Bergstraße (Karl-Marx-Straße)
24. Oktober
Gleisdreieck – Wittenbergplatz über Kurfürstenstraße

1927 15. März
Tarifgemeinschaft zwischen Straßenbahn, Omnibus und U-Bahn (Einheitstarif mit Umsteigeberechtigung) Abschaffung der 2. Wagenklasse bei der U-Bahn (Einheitsklasse mit Polstersitzen)
17. Juli
Boddinstraße – Schönleinstraße (Kottbusser Damm)
10. September
Kreuzberg (Platz der Luftbrücke) – Flughafen (Paradestraße)

1928
Einheitliche Signalformen auf allen Hoch- und Untergrundbahnstrecken; die letzten Formsignale auf den Hochbahnstrecken werden durch Lichtsignale mit mechanischer Fahrsperre ersetzt
12. Februar
Schönleinstraße (Kottbusser Damm) – Kottbusser Tor
6. April
Kottbusser Tor – Neanderstraße (Heinrich-Heine-Straße)

1929 1. Januar
Betriebsaufnahme der BVG (Berliner Verkehrs-Aktiengesellschaft)
4. August
Boddinstraße – Leinestraße
22. Dezember
Flughafen (Paradestraße) – Tempelhof; Stadion (Olympia-Stadion) – Ruhleben; Thielplatz – Krumme Lanke

1930 18. April
Neanderstraße (Heinrich-Heine-Straße) – Gesundbrunnen
29. Juni
Nordring (Schönhauser Allee) – Pankow
21. Dezember
Bergstraße (Karl-Marx-Straße) – Grenzallee; Alexanderplatz – Friedrichsfelde

1938 1. Januar
Umwandlung der BVG in einen Eigenbetrieb der Stadt Berlin

1945 10. März
Bahnhof Osthafen aufgehoben

1949 1. August
Errichtung einer eigenen BVG-Direktion für den sowjetisch besetzten Sektor Berlins

1952
Verbindungstunnel A/E (Alexanderplatz)

1956 3. Mai
Seestraße – Kurt-Schumacher-Platz

1958 31. Mai
Kurt Schumacher-Platz – Tegel

1959 1. Juni
Bahnhof Nürnberger Platz aufgehoben
2. Juni
Inbetriebnahme Bahnhof Spichernstraße

1961 8. Mai
Inbetriebnahme Bahnhof Augsburger Straße
13. August
Betriebseinstellung auf den Teilstücken Schlesisches Tor – Warschauer Brücke und Gleisdreieck – Potsdamer Platz – Thälmannplatz
Schließung der Bahnhöfe Alexanderplatz (nur Linie 8), Bernauer Straße, Französische Straße, Jannowitzbrücke, Heinrich-Heine-Straße, Ora-

nienburger Tor, Potsdamer Platz, Rosenthaler Platz, Stadtmitte (nur Linie 6), Nordbahnhof, Walter-Ulbricht-Stadion, Warschauer Brücke und Weinmeisterstraße. Die Züge der Linien C (heute U6) und D (heute U8) durchfahren diese Bahnhöfe ohne Halt
28. August
Leopoldplatz – Spichernstraße
2. September
Inbetriebnahme Bahnhof Kurfürstendamm oberer Bahnsteig

1963 28. September
Grenzallee – Britz Süd

1966 28. Februar
Mehringdamm – Möckernbrücke; Tempelhof – Alt-Mariendorf
1. März
Umstellung der Linienbezeichnung von Buchstaben auf Zahlen

1967 2. Oktober
Betriebseinstellung der letzten Straßenbahnlinie im Westteil Berlins (Linie 55, Spandau-Hakenfelde – Richard-Wagner-Platz)

1969 1. Januar
Eingliederung der im Ostteil Berlins tätigen BVG-Verwaltung in das Kombinat VEB Berliner Verkehrs-Betriebe

1970 2. Januar
Britz-Süd – Zwickauer Damm
2. Mai
Betriebseinstellung Strecke Deutsche Oper – Richard-Wagner-Platz (Bauarbeiten Linie 7 nördliche Verlängerung)

1971 29. Januar
Möckernbrücke – Fehrbelliner Platz; Spichernstraße – Walther-Schreiber-Platz

1972 1. Januar
Stillegung des Teilstückes Nollendorfplatz – Bülowstraße – Gleisdreieck
1. Juli
Zwickauer Damm – Rudow

1973 25. Juni
Friedrichsfelde – Tierpark

1974 30. September
Walther-Schreiber-Platz – Rathaus Steglitz

1976 30. April
Leopoldplatz – Osloer Straße

1977
Erprobung der automatischen (fahrerlosen) Zugsteuerung SELTRAC auf dem stillgelegten Streckenstück Bülowstraße – Gleisdreieck
September
Probeweise Inbetriebnahme des ersten europäischen U-Bahn-Zuges mit Drehstrom-Fahrmotoren
5. Oktober
Gesundbrunnen – Osloer Straße
13. Dezember
Automatischer Zugverkehr auf der Linie 9 (Linienzugbeeinflussung der Firma Siemens)

1978 28. April
Fehrbelliner Platz – Richard-Wagner-Platz

1980 1. Oktober
Richard-Wagner-Platz – Rohrdamm

1981 4. Mai
SELTRAC-Referenzbetrieb auf der Linie 4 (automatischer Zugbetrieb mit Fahrgästen)

1984 9. Januar
Übernahme der S-Bahn in Berlin (West) in die Regie der BVG
28. Juni
Erstes M-Bahn-Fahrzeug auf der Trasse am U-Bahnhof Gleisdreieck
1. Oktober
Rohrdamm – Rathaus Spandau

Neben den Materialien aus den Sammlungen der Bearbeiter Ulrich Lemke und Uwe Poppel konnte auch auf Bildmaterial und Zeichnungen anderer Personen zurückgegriffen werden.

Die Bearbeiter danken folgenden Personen und Institutionen für die Überlassung von Unterlagen:

AEG-Werkfoto
Arbeitskreis Berliner Nahverkehr e. V.
Berlin Bild
Berliner Verkehrs-Betriebe (BVG)
Peter Cürlis, Berlin
Deutsche Presse-Agentur GmbH., Frankfurt/M.
Harald Frank, Berlin
Sammlung Janos Frecot, Berlin
Dieter Gammrath, Berlin
Sammlung Grünwald
Sigurd Hilkenbach, Berlin
Pressedienst Kindermann, Berlin
Jürgen Köhn, Berlin
Archiv Kramer/Spangenberg
Wolfgang Kramer, Berlin
Landesbildstelle Berlin
Sammlung Norbert Lossberger
Bernd Scheidmann, Berlin
Manfred Schoen, Ottobrunn
Bernhard Schreiber, Berlin
Erhard Schulz, Berlin
Ullstein-Archiv, Berlin
Ulrich Wetterhahn, Dortmund

Ein besonderer Dank gilt den beiden Lektoren Sigurd Hilkenbach und Wolfgang Kramer für die bei der Erstellung des Manuskriptes und der abschließenden Durchsicht sowie bei der Fotobeschaffung geleistete Hilfe.